AF238734

Géza Austerweil

Die angewandte Chemie in der Luftfahrt

bremen
university
press

Géza Austerweil

Die angewandte Chemie in der Luftfahrt

ISBN/EAN: 9783955621797

Auflage: 1

Erscheinungsjahr: 2013

Erscheinungsort: Bremen, Deutschland

bremen university press

Die angewandte Chemie in der Luftfahrt

Von

Dr. Géza Austerweil
Levallois bei Paris

Mit 92 Textabbildungen

München und Berlin 1914
Druck und Verlag von R. Oldenbourg

Vorwort.

Das Eingreifen der Chemie in die Eroberung der Luft war zu Beginn der diesbezüglichen Bestrebungen der Menschheit ein sehr intensives. — Die Charles, Montgolfier, Coutelle, Black, Cavallo, Green usw. waren Männer, die auf dem chemischen Wissensgebiete ihrer Zeit nicht weniger Bescheid wußten als in der Aeronautik, die sie ja eigentlich geschaffen haben. Bis zum heutigen Tag war dieses Zusammenarbeiten ein sehr intensives, sowohl was die Schaffung von Konstruktionsmaterial, wie auch was die Schaffung neuer Methoden zur Erzeugung von Betriebsmitteln betrifft. Letzteres ist öfters beschrieben worden, eine zusammenhängende Schilderung des Einflusses moderner chemischer Forschung auf die Schaffung des heutigen Konstruktionsmaterials unserer Flugzeuge und Luftschiffe war aber bisher noch nicht vorhanden. Diese kleine Lücke auszufüllen, war das Bestreben des Verfassers. Das vorliegende Buch, das hierzu bestimmt war, ist infolgedessen eine kurzgefaßte Technologie der Konstruktionsmaterialien der Flugapparate und ihres Verhältnisses zu den verschiedenen Betriebsmitteln geworden.

Beim raschen Fortschreiten der Aeronautik sowie der Chemie kann es nicht als ein abgerundetes Werk gelten und verfolgt nur den Zweck, durch die hier niedergelegten jahrelangen, speziell in Frankreich gesammelten Erfahrungen des Verfassers auf diesem Felde, das dem Gebiete etwas fernstehende Fachpublikum zu interessieren.

Dem Herrn Herausgeber sowie dem Verlag bin ich für die besonders sorgfältige Ausstattung, Herrn Dr. Ludwig Cohn für das Lesen der Korrektur zu besonderem Dank verpflichtet.

Levallois, Juni 1914.

G. Austerweil.

Inhaltsverzeichnis.

II. Teil. Aviatik.

I. Teil. Aeronautik.

I. Kapitel.

Geschichtliche Entwicklung der Ballonhüllen-Baumaterialien. Die ältesten Methoden der Wasserstoffabrikation. Moderne Wasserstoffanlagen ohne Wasser. Helium als Ballonfüllgas.

Die chemischen Vorläufer der Eroberung der Luft lassen sich in zwei ziemlich scharf getrennte Gruppen einreihen. Ein großer Teil der Forscher suchte nämlich nach einem geeigneten P r o -d u k t , das leichter als Luft war und das Lasten in die Luft heben konnte; ein anderer Teil wieder wollte, als schon dieses Produkt gefunden war, geeignete B a u m a t e r i a l i e n für solche Apparate herstellen, mittels welchen dieses neu gefundene Produkt seine Wirkung ausüben konnte. Wir werden uns speziell mit diesen letzteren befassen.

Es ist die allgemeine Ansicht, und zwar mit Recht, verbreitet, die ersten Eroberer der Luft seien die Gebrüder *Montgolfier*, Papierfabrikanten aus *Annonay*, im Jahre 1783. Es läßt sich jedoch nachweisen, daß auch diese, wie jeder Erfinder, solche Vorläufer hatten, daß die durch ihnen zu überbrückende Kluft nicht so bedeutend ist, wie es allgemein scheint.

Es berichten schon im Jahre 1694 französische Missionäre, daß man bei Thronbesteigungen in China verschiedene Apparate in die Luft steigen läßt, daß chinesische Chroniken diese Sitte schon im Jahre 1306 bei der Thronbesteigung des Kaisers *Fokien* beschreiben[1]). Es dürfte sich hier höchstwahrscheinlich um Drachen handeln, denn der betreffende Missionär sagt, es handle sich um eine alte Sitte. Daß die Chinesen aber die Drachen bei ihren religiösen Übungen gebrauchen, ist ja bekannt.

---

[1]) Lougheed, Vehicles of the air.

Um ein echtes Luftschiff handelt es sich aber bei der im Jahre 1670 veröffentlichten Erfindung des Jesuitenpaters *Francisco Lana* aus *Brescia* (vgl. Fig. 1). Dieses bestand aus vier hohlen Kugeln aus ca. $^1/_{10}$ mm dickem Kupferblech von 7,5 m Durchmesser, die luftleer gepumpt werden sollten; der Apparat sollte

Fig. 1.
Luftschiff von Lana 1670.

über 100 kg verfügbare Nutzlast besessen haben. Dies ist wohl der erste Vorschlag, mit gasdichten Hohlkörpern eine Last in die Luft zu heben.

Die mechanische Unmöglichkeit der Konstruktion luftleerer Metallhüllen besprechen wir später, da *Lanas* Vorschlag öfters wieder hervorgeholt wurde, zuletzt 1897.

Einen ähnlichen phantastischen Plan entwickelte 1736 in *Lissabon* der Abt *Guzman*.

Der erste aus gasdichtem Material konstruierte Ballon, der mit einem Gas gefüllt war, das leichter als Luft ist, war der Catgutballon von *Thomas Black* in *Edinburg* im Jahre 1767. Jedoch erhob sich dieser Ballon des allzu hohen Gewichtes wegen nicht. Dieser Versuch, der kaum ein Jahr nach der Entdeckung des Wasserstoffes durch *Cavendish* ausgeführt wurde, zeigt, daß zu dieser Zeit Geister und Gemüter sich schon mit den Problemen der Luftfahrt lebhaft beschäftigten, und jede neue Erfindung sofort nach dessen Erscheinen in den Dienst dieser Idee stellten.

Der erste, der mit einem Gase gefüllte Kugeln in die Luft heben ließ, war der in jener Zeit berühmte Physiker und Chemiker *Tiberio Cavallo* in *Padua* im Jahre 1782. Jedoch war die Hülle seiner Ballons aus Seife; dann machte *Cavallo* lange Versuche, um Wasserstoff in den Dienst der Luftschiffahrt zu stellen. Er versuchte zuerst Papierhüllen, fand diese natürlich zu wenig gasdicht; später verwendete er Darm; die daraus hergestellten Ballons erwiesen sich als zu schwer, da bei den kleinen Dimensionen das Gewicht der Hülle überwog.

Die Forscher am Ende des 18. Jahrhunderts waren also an der Lösung der Frage der Lufteroberung intensiv beschäftigt; aber die Praktiker, denen auch der Zufall sehr zu Hilfe ist, kommen gewöhnlich rascher zu einem greifbaren Resultat als die Theoretiker. So kam es denn auch, daß das erste Fahrzeug, das sich wirklich in die Lüfte hob, von zwei jungen Praktikern, den Gebrüdern *Montgolfier*, im Jahre 1783 konstruiert wurde. Es war dies ein kleiner Papierballon von ungefähr 70 cbm, dem kurze Zeit später das erste richtige Luftfahrzeug folgte: am 5. Juni 1783 bauten die Gebrüder *Montgolfier* einen Ballon mit ungefähr 10 m Durchmesser, der ein Volumen von über 500 cbm hatte und ca. 250 kg Hubkraft besaß.

Dieser Ballon, aus Papier gebaut, mit warmer Luft gefüllt, erhob sich am obigen Datum auch ohne jede Schwierigkeit aus Annonay in Savoyen in die Lüfte. Nach der Seife war also Papier das erste Dichtungsmaterial für die Luftschiffahrt.

Kaum einige Wochen später war auch schon in beiden Richtungen hin, sowohl was das Baumaterial wie auch das Betriebsprodukt anbetrifft, der definitive praktische Fortschritt gelungen: am 27. August 1783 verließ der erste aus gefirnißter Seide konstruierte und mit Wasserstoff gefüllte Ballon die Erde. Er war von *Charles* und *Faujas de St. Fond* konstruiert worden; seine Erbauer verwandten zur Füllung eine Wasserstoffmenge, die aus ungefähr 250 kg Schwefelsäure und 500 kg Eisenfeilspänen gewonnen wurde.

Es scheinen die Gebrüder *Montgolfier* und *Charles* parallel und in Konkurrenz miteinander ihre Versuche fortgesetzt zu haben, denn schon am 19. September 1783 senden die *Montgolfier* die ersten Passagiere per Ballon aus. Diese waren ein Hahn, ein Lamm und eine Ziege, welche in einem 2000 cbm-Ballon, der aus Leinenstoff genäht und zur Dichtung mit Papier beklebt war, aus Versailles in die Lüfte stiegen und wohlbehalten wieder landeten. Es folgen dann bald eine Reihe von Aufstiegen mit den Montgolfières (Heißluftballons), bis am 1. Dezember 1783 *Charles* und *Robert* mit einem gefirnißten wasserstoffgefüllten Seidenballon in die Lüfte stiegen, der alle Hauptorgane unserer modernen Freiballons besaß; eine gasdichte Hülle, Netz, Ventil usw. Dies bildet den Markstein der Erfindungsperiode der Ballons: alle späteren und sehr viele der heutigen Ballons werden dem Charlesschen Ballon gemäß gebaut.

Noch im Jahre 1783 machte der Professor der Chemie an der Universität *Löwen*, *J. P. Minkelers*, wie er es in einem Werk aus dem Jahre 1784 selbst mitteilt, auf Veranlassung des Herzogs von Arenberg Versuche, mit Steinkohlengas (air inflammable) gefüllte Ballons zum Aufsteigen zu bringen.

Diese Versuche gelangen sehr wohl, und ein am 21. Nov. 1783 im Arenberg'schen Park aufgestiegener, mit Steinkohlengas gefüllter Ballon konnte eine Strecke von 25 km zurücklegen. Im Januar des nächsten Jahres gelang es auch dem Apotheker *Alexandre Lapostolle* in *Amiens*, ebenfalls Steinkohlengas, durch Waschen mit Wasser vom Teer befreit, zu Ballonfüllzwecken zu verwenden.

Verallgemeinert wurde Leuchtgas für Ballonzwecke aber nur von 1818 an durch den Engländer *Green*.

Durch die Errichtung einer Luftschifferabteilung im Jahre 1794 in *Meudon*, an deren Spitze der Techniker *Coutelle* stand, hatte das Heer der jungen französischen Republik dem Ausbau der Luftschiffahrt einen hervorragenden Dienst geleistet. Diese

Abteilung wurde aber von Napoleon I. aufgelöst. Einen neuen Impuls gewann die Luftschifferei durch *Tarcot*, der im Jahre 1859 die Verwendung von G u m m i s t o f f e n für Ballonkonstruktionen empfahl. Dieser Vorschlag, trotzdem er für den damaligen Frei-ballon vorzüglich war und die Entwicklung beförderte, hatte später sowohl wegen der chemischen Unstabilität wie auch der stark kolloiden Natur des Kautschuks wegen beim Bau von Lenk-luftschiffen schwere Folgen.

Im Jahre 1906 schlug die englische Militärverwaltung zum Bau ihres Marineluftschiffes die G o l d s c h l ä g e r h a u t vor, welche auch schon früher für Ballons in Verwendung stand. Auch in den Zeppelinschen Luftschiffen wurde zum Teil dieses Produkt ver-wandt. Im Jahre 1908 schlug dann *Simmonds* die N i t r o z e l l u -l o s e als Dichtungsmittel vor, und im Jahre 1910 wurde dann dieses Produkt bei einem französischen Tourenballon vom Ver-fasser durch Z e l l u l o s e a z e t a t ersetzt[1]).

Es werden immer verschiedene neue Dichtungsmittel vorge-schlagen, doch haben sich bisher praktisch wohl nur Leinölfirnis, etwas die Goldschlägerhaut, welche speziell in den Jahren 1815 bis 1830 von *Margat* in abenteuerlichen Formen, Delphine, Vögel usw., als Ballonhülle verwendet wurde, sowie vulkanisierter Kautschuk und Zelluloseazetat als Ballonhüllendichtungsmittel wirklich be-währt.

Wir haben nunmehr mit einem kurzen Überblick die Ent-wicklungsgeschichte der Baumaterialien der Ballonhüllen Revue passieren lassen. Es ist nicht uninteressant, auch die Anfänge der D a r s t e l l u n g d e r B e t r i e b s s t o f f e in Betracht zu ziehen.

Die gebräuchlichen Verfahren wurden schon in meisterhafter Weise in dem Buch von *Dr. Brähmers* »Chemie der Gase« ein-gehend gewürdigt. Über den ersten Apparat, der von Charles zum Füllen seines berühmten Ballons benutzt wurde, ist jedoch ziemlich wenig bekannt. Es heißt das Tonnenverfahren und wurde 1793 in der französischen Armee eingeführt, wo es bis Mitte des 19. Jahrhunderts im Gebrauch stand (vgl. Fig. 2).

Von diesen schwerfälligen Apparaten ist es weit bis zu den ultramodernen sog. H y d r o g e n i t apparaten. Man sucht die Wasserstofferzeugung im Felde möglichst zu vereinfachen und von

---

[1]) Vgl. Kap. VIII und IX.

äußeren Umständen gänzlich unabhängig zu machen. Das Silicium-Natronlaugeverfahren der *Siemens-Schuckert-Werke* war schon ein Schritt nach vorwärts; der französische Geniehauptmann *Lelarge* ging insoweit weiter, als er fahrbare Apparate konstruierte, in welchen unreineres Ferrosilizium (bis zu 80% Silicium) mit ganz konzentrierter Natronlauge zusammengebracht und stündlich bis zu 650 cbm Wasserstoff in einem halbfixen Apparat erzeugt wurde[1]).

Um eine noch größere Stundenproduktion zu erreichen, konstruierte *Lelarge* einen fahrbaren Apparat für 1500 cbm Stundenleistung, der aber mit Kalziumhydrür und Wasser arbeitet. Bei all diesen Apparaten wird mit aller Sorgfalt dahin gearbeitet,

Fig. 2.
Wasserstoffapparat nach dem »Tonnenverfahren«. Ende des 18. Jahrh.

den Wasserverbrauch möglichst herabzumindern. Deswegen wurden die Versuche zur Herstellungsmöglichkeit von Wasserstoff mit konzentrierter Natronlauge angestellt, deswegen wurde auch das Kalziumhydrürverfahren angenommen. Dieses gebraucht aber immer noch ca. 12 bis 15 kg Wasser und ca. 1,2 kg Hydrür pro Kubikmeter Wasserstoff. Das Wasser ist aber in vielen Gegenden (Kolonien!) selten und speziell in Mengen von einigen hundert Kubikmetern pro Stunde nicht leicht herbeizuschaffen. *Jaubert* hatte darum auch das sog. *Hydrogenit* erzeugt[2]), das in dem in Fig. 3 illustrierten Apparat zur Erzeugung von Wasserstoff dient. Unter dem Namen Hydrogenit bringt *Jaubert* ein Gemisch

---

[1]) Vgl. Aerophile vom 1. Juni 1913.

[2]) Das bei B r a e h m e r S. 70 unter Hydrogenit beschriebene Verfahren ist das sog. Hydralit-Verfahren.

von pulverförmigem Ferrosilizium mit etwas feuchtem Natronkalk in den Handel. Durch einfaches Anzünden mit einem Zündholz oder durch leichtes Erwärmen an einem gewissen Punkt kommt die Masse, welche in Zinkgefäßen, verschlossenen gepreßten Zylindern, verkauft wird, ins Glühen und gibt ganz bedeutende Mengen an Wasserstoff ab, wenn das Glühen im geschlossenen Raume erfolgt. Bei richtiger Wahl der aufeinander reagierenden Produkte kann man 1 cbm Wasserstoff mit ca. 2,8 kg Hydrogenit erzeugen. Das Verfahren ist vom Wasser unabhängig und hat, da es mit

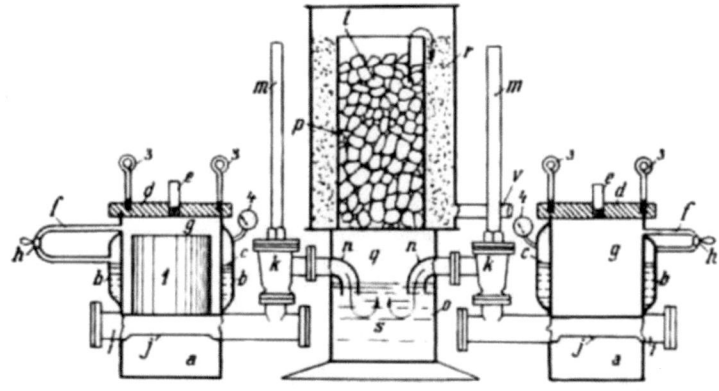

Fig. 3.
Schema eines modernen Wasserstoffapparates nach dem
»Hydrogenit«-Verfahren.

verhältnismäßig billigen Rohmaterialien arbeitet, den Vorzug der Billigkeit.

Das Verfahren der Wasserstofferzeugung geschieht wie folgt: In dem mit *1* bezeichneten Behälter (Fig. 3) wird ein komprimierter Block Hydrogenit eingefüllt, hierauf der Deckel *d* daraufgelegt und mit dem Bügelverschluß *3* festgehalten, um dann bei *i* entzündet zu werden. Das Wasserstoffgas entweicht bei *c* und passiert bei *n* einen Wäscher *s*, dann den Trockner *t*, um bei *V* durch einen Dreiweghahn in die Leitung zu kommen. Bei *m* sind Sicherheitsröhren angebracht. Die Zersetzungskammer ist durch einen Doppelmantel *b* umgeben, welcher eine Rohrleitung *f* und einen Hahn *h* besitzt. Zur Hintanhaltung der Temperaturerhöhung wird in den Mantel Wasser gebracht, welches bei zu starker Erwärmung des Gefäßinnern verdampft. Der entstehende Dampf dient, nachdem das komprimierte Hydrogenit abgebrannt ist, zum Löschen des glühenden Rückstandes.

Zu Beginn der Reaktion kann das unreine Gas in die Luft gejagt werden. Die Abbildung zeigt einen kontinuierlichen Apparat. Die zur Verwendung gelangenden komprimierten Blöcke haben ein Gewicht von 25 resp. 50 kg und geben je 8 resp. 16 cbm Wasserstoff von 1185 g Hubkraft. Das Verfahren scheint sich in jeder Beziehung besser als die Hydrürverfahren zu bewähren, und wurde für kleine Anlagen bis zu 50 cbm pro Stunde bereits mehrmals ausgeführt.

Im Laufe der Zeit wurden neben der heißen Luft von Montgolfier und dem Wasserstoff von Charles auch, wie schon bemerkt, andere Gase zum Heben von Luftschiffen vorgeschlagen, so das Leuchtgas von *Minkelers* und *Green*, das Ammoniak von *Meißel*. Ersteres wird zu Sportfahrten noch jetzt ziemlich viel benutzt, obzwar es gegen Temperaturänderungen sehr empfindlich ist. Letzteres hat zu wenig Hubkraft (ca. 490 g pro cbm), greift die Stoffe, Lacke, Kautschuk zu sehr an, hätte aber den Vorteil, gar keine Feuers- oder Explosionsgefahr zu bieten.

Einen ähnlichen Vorteil, verbunden mit einer vorzüglichen Hubkraft, würde das H e l i u m bieten, wenn es möglich wäre, nach dem Vorschlag von *Erdmann* Helium als Ballonfüllgas zu gebrauchen. Wasserstoff wiegt auf Luft = 1 bezogen 0,0696, 1 cbm Wasserstoff also 90 g, seine Hubkraft ist also theoretisch 1203 g pro cbm; Helium wiegt nur zweimal soviel, also auf Luft bezogen 0,1392, 1 cbm Helium also 180 g, die Hubkraft des Heliums ist also theoretisch 1113 g pro cbm, also kaum 8% weniger als Wasserstoff. Seiner chemischen Trägheit wegen würde es sich ganz besonders als Füllgas eignen, da hierdurch jede Explosionsgefahr des Ballons verschwinden würde. Aus militärischen Gründen wäre so ein unentzündbarer Heliumballon die Vollkommenheit selbst.

Aber eine Ballonfüllung mit Helium ist momentan eine Utopie. In der Sommersaison 1910 verbrauchte nämlich der Personenluftkreuzer in Luzern in 3 Monaten bei täglich ungefähr zweimaligem Aufstieg ca. 25 000 cbm Wasserstoff zum Nachfüllen, und die größte Menge Helium, die heute auf einem und demselben Ort vorhanden ist, sind die 4 l, die sich im Laboratorium von Prof. *Kammerlingh Onnes* in Leyden befinden.

Trotzdem scheint die Anwendung des Heliums in der Zukunft der Lenkluftschifftechnik nicht unmöglich zu sein. In neuester Zeit wurden so bedeutende Quellen des Heliums aufgeschlossen[1]), daß man die praktische Sammelmöglichkeit dieses so leichten inerten Gases nicht von der Hand weisen kann. Diese neuen Heliumfundorte sind die Gase einiger Termalquellen *(Santenay)*, sowie die Erdgase in *Siebenbürgen*; letztere sollen jährlich ca. 4400 m³ Helium abgeben. Auch manche Kohlengruben geben Helium ab, so z. B. entströmt aus den Gruben in Frankenholz 10 m³ Helium pro Tag.

Praktisch besser zur Verhütung von Explosionsgefahren wirkt das von *Börner*[2]) vorgeschlagene System, das darin besteht, die Ballonetts eines Luftschiffes mit Wasserstoff und den Gasraum zwischen Ballonett und äußere Hülle mit Stickstoff zu füllen. Hierdurch wird ein Diffundieren von Wasserstoff in einen Sauerstoff enthaltenen Raum verhindert, und die Gelegenheit zur Bildung von Knallgas ist nicht gegeben. — Dem Stickstoff kann aber über 30% Wasserstoff beigemischt werden, bevor es brennbar ist.

Der Stickstoff bildet also sozusagen eine chemische Schutzmauer für die Wasserstoff-Ballonfüllung.

---

[1]) Vgl. Comptes rendus Ac. d. Sc., 2. März 1914.
[2]) Ztschr. Ang. Ch. 1913, S. 782.

II. Kapitel.

Baumaterialien der Luftschiffhüllen im allgemeinen; nichtfaserige Baumaterialien: Metalle, Goldschlägerhaut. Faserige Materialien: Papier, Seide, Baumwolle, Leinen, Ramie. Mechanische und physikalische Eigenschaften und deren Prüfung: Rißfestigkeit. Die Färbung der Luftschiffhüllen.

Bei den zur Erzeugung der Ballonhüllen dienenden Baumaterialien sind zwei Haupteigenschaften zu untersuchen. Diese Baumaterialien müssen:

1. eine möglichst große Festigkeit,
2. eine möglichst hohe Gasdichtigkeit

besitzen. Beide Eigenschaften auf einmal finden sich nur in den seltensten Fällen vereinigt in den zu Gebote stehenden Produkten vor. Es müssen meistens also zur Konstruktion der Ballonhüllen Kombinationen von Materialien genommen werden, und zwar so, daß das eine Material die Festigkeit, das zweite die Gasdichtigkeit ergibt. Es gibt aber trotzdem in der Praxis gebrauchte Produkte, die beide Eigenschaften gleichzeitig besitzen.

Wir wollen zuerst die Baumaterialien n a c h i h r e r F e s t i g k e i t h i n untersuchen und nachher die Methoden in Betracht ziehen, welche gebräuchlich sind, diese Konstruktionsmaterialien gasdicht zu machen.

Wir unterscheiden unter den zur Konstruktion dienenden Materialien:

1. Faserige.
2. Nichtfaserige.

N i c h t f a s e r i g e K o n s t r u k t i o n s m a t e r i a l i e n: Unter diesen finden wir diejenigen, welche zugleich genügend gasdicht wie auch genügend fest sind, um allein als Konstruktionsmaterial für Ballonhüllen zu dienen. Als solches kann das erste, als Ballonhüllenmaterial vorgeschlagene Produkt, das Metall, gelten, dessen Verwendung schon von *Lana* im 17. Jahrhundert vorgeschlagen wurde. Nachher hatte aber auch im Jahre 1844 *Marey Monge* denselben Vorschlag wiederholt, indem er behauptete, daß runde Körper, aus dünnen Metallfolien gebaut, durch den auf einer Kugeloberfläche gleichmäßig verteilten Druck in ihrer Form erhalten resp. von der Atmosphäre nicht eingedrückt werden würden.

Er versuchte mit *Dupuis Delcourt* einen solchen Ballon zu bauen, aber ohne Erfolg. Abgesehen von der Konstruktionsschwierigkeit, läßt sich die Unmöglichkeit einer metallischen Hülle mathematisch nachweisen. Nehmen wir z. B. an (Fig. 4), es sei die Kugel R ($A B C$) aus Metall und die Wanddicke sei festzustellen. Es sei der Halbdurchmesser R in Metern, die Wanddicke l in Millimetern und der Atmosphärendruck (abgerundet) durch p in kg pro qm ausgedrückt. Auf der Halbkugel $A B C$ würde da der Druck $p \cdot R^2 \pi$ lasten, dem der von dem Metall erlittene Kompressions-

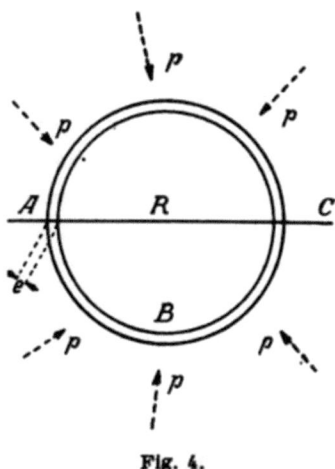

Fig. 4.

druck widersteht; dieser ist, wenn das Metall pro qmm einen Widerstand von T kg hat, $2 R \pi \cdot T \cdot l \cdot 1000$ groß. Damit Gleichgewicht sei, müssen die zwei Werte wenigstens gleich sein:

$$20 R \cdot l \cdot 1000 \, T = \pi R^2 \cdot p,$$

woraus $l = \dfrac{R p}{2000 \, T}$ ist.

Wir wollen aber nunmehr die Gewichte sowohl der Hohlkugel wie auch die der von ihr verdrängten Luft feststellen. Es sei σ das spez. Gewicht des Metalls, und zwar das Gewicht von 1 cbm Metall, d das Gewicht von 1 cbm Luft in kg. Das Gewicht der Hülle wäre mit großer Annäherung

$$Q = 4 \pi R^2 \frac{l}{1000} \, \sigma = 4 \pi R^3 \frac{p}{2\,000\,000 \, T} \, \sigma,$$

das Gewicht der verdrängten Luft

$$Q' = {}^4/_3 \, \pi R^3 \, 1{,}25.$$

Es muß $Q = Q'$ sein, damit die Kugel nicht schwerer als die von ihr verdrängte Luft sei.

Es ergibt sich also

$$\frac{4\pi R^3 p\sigma}{2\,000\,000\; T} = \frac{5\pi R^3}{3}$$

woraus

$$\frac{2p\sigma}{1\,000\,000\; T} = \frac{5}{3}$$

und

$$T = \frac{6p\sigma}{5\,000\,000}.$$

Nehmen wir für unser Metall eine Dichte von 7,8 an, so wird der Kubikmeter 7800 kg wiegen; runden wir ferner den Atmosphärendruck auf 10 000 kg pro qm ab, so erhalten wir für T einen Wert von 98 kg, d. h. das Metall arbeitet auf Kompression bei einer Inanspruchnahme von 98 kg pro qmm. Es müßte also ein guter Nickelstahl sein, und auch dieser würde ohne besonderen Sicherheitskoeffizienten arbeiten. Die Dicke des so zu verwendenden Nickelstahlbleches wäre für eine Kugel von 10 m Durchmesser ungefähr, statt 98 die abgerundete Zahl 100 genommen:

$$C = \frac{Rp}{2000 \cdot 100} = \frac{R \cdot 10000}{200\,000} = \frac{R}{20},$$

d. h. ca. 0,5 mm. Es ist aber sofort ersichtlich, daß eine solche Kugel nicht gebaut werden kann, denn bei dem leichtesten Windstoß wird sie aus ihrer Form gebracht; in diesem Falle aber stürzt sie sofort ein (nach Espitallier). Abgesehen hiervon, was wäre denn noch bei der ersten Landung zu befürchten!

Von vornherein ganz verfehlt und dem sichern Fehlschlagen geweiht war also der Versuch des Wiener Ingenieurs *Schwarz*, der im Jahre 1897 ebenfalls Metallhüllen für Ballons anwandte. Trotzdem Schwarz das *Marey-Mongesche* Prinzip der luftleeren Kugel nicht anwandte, sondern seinen Ballon, um Gegendruck zu erzeugen, mit Wasserstoff füllte, erhielt der Ballon, dessen Bau schon wegen der Schwierigkeit der Vernietung und Verlötung von 0,2 mm dicken Aluminiumblechen nicht besonders gut verlief, bei der ersten Landung solch klaffende Spalten, daß der Versuch definitiv aufgegeben wurde.

Überhaupt scheint es nicht der Mühe wert, Textilmaterialien durch Metalle zu ersetzen. Ein guter Kugelballonstoff wiegt z. B.

220 bis 230 g pro qm und hat eine Rißfestigkeit bis zu 1800 kg; ein gleich schweres Aluminiumblech hätte 0,076 qmm Dicke und eine Rißfestigkeit von kaum 1000 kg.

Das zweite Baumaterial, welches in nichtfaseriger Form zur Verwendung kommt und ebenfalls außer seiner hervorragenden Festigkeit auch eine vorzügliche, wenn auch wenig dauerhafte Gasdichtigkeit besitzt (worauf wir noch im VI. Kapitel zurückkommen), ist die schon zu Beginn der Ballonversuche von *Black* im 18. Jahrhundert zum Teil versuchte Goldschlägerhaut. Auch nach Black wurden einige Montgolfièren aus diesem interessanten Produkt erzeugt, dessen Verwendung für aeronautische Zwecke besonders in England ziemlich verbreitet.

Goldschlägerhaut wird dargestellt, indem man die äußerst dünnen Oberhäute des Blinddarmes der Schafe, Kälber und jungen Rinder nach dem Abtrennen von ihrer Unterlage straff spannt. Die so gespannten Häute werden dann mit einem geeigneten Beizmittel, dünne Tanninlösung, Alaunlösung usw., gebeizt, wodurch sie teilweise einen gewissen Widerstand (?) gegen hygroskopische Quellung erlangen. Die so erhaltenen dünnen Häutchen werden dann in 8- bis 20fachen Lagen schuppenweise übereinander geschichtet und mit Albumin-, Kasein- oder Gelatineleim usw. miteinander sorgfältig verklebt. Man kann noch nachträglich das Ganze mit einem eventuell gerbend wirkenden Antiseptikum (Formaldehyd) behandeln. Man erhält so ein äußerst geschmeidiges, äußerst leichtes und äußerst gasdichtes Material, das auch einen vorzüglichen Gütegrad hat. Man versteht unter Gütegrad eines Ballonmateriales das Verhältnis seiner Rißfestigkeit pro lfd. m zu seinem Gewicht pro qm, man drückt es durch eine Zahl aus, die anzeigt, daß z. B. 1 g eines Textilmaterials x Rißfestigkeit hat; z. B. reißt ein ca. 150 g pro qm wiegender Baumwollstoff bei 1250 kg, der Gütegrad dieses Baumwollstoffes ist also $\frac{1250}{150} = $ ca. 8,3.

Die Goldschlägerhaut hat für gasdichte Materialien den besten Gütegrad. Man rechnet für eine achtschichtige Goldschlägerhaut guter englischer Fabrikation ungefähr 210 g pro qm, bei einer Rißfestigkeit von ca. 1300 kg pro lfd. m. Der Gütegrad ist also $\frac{1300}{210} = 6,1$.

Die Nachteile der Goldschlägerhaut sind seine geringe Dauerhaftigkeit, da sie trotz der Gerbstoffe hygroskopisch ist und trotz der Antiseptika leicht von Bakterien zerstört wird, sowie ihr riesig hoher Preis. Dies hat aber nicht daran gehindert, daß man in England lange Zeit die Militärballons für Kugelballonfreifahrten und sogar das Lenkluftschiff »Nulli secundus« aus Goldschläger- haut darstellte. Der Preis für einen Quadratmeter beträgt bis zu M. 35 bei 8 Schichten.

Die englischen Goldschlägerhautmilitärballons, die speziell ihres geringen Gewichtes wegen für weite Expeditionen bestimmt waren, hatten nur 291 cbm Rauminhalt und wogen nicht ganz 100 kg samt allem Zubehör.

Zur Erzeugung einer solchen 8 Schichten starken Ballonhülle waren bis 35 000 Stück Darmoberhäutchen verbraucht worden, die alle sorgfältigst mit der Hand gespannt und geklebt waren. Ein solcher englischer Militärballon von ca. 300 cbm konnte mit Leichtigkeit zwei Passagiere an Bord nehmen, da, wie gesagt, das tote Gewicht kaum 100 kg war, die sich wie folgt verteilten:

Gewicht der Hülle	45,26 kg,
Netz	19,05 »
Gondel	11,34 »
Anker (oder Guide rope)	6,80 »
2 Holzreifen	5,90 »
Aufhängekabeln	4,54 »
Oberes Ventil	3,17 »
Ankerkabel	2,72 »
Unteres Ventil	0,90 »
Totalgewicht	99,52 kg.

Der Gesamtpreis eines solchen Ballons betrug ca. 550 Pfund Sterling.

Der geringen Haltbarkeit wegen aber verließ man bald dieses Baumaterial.

Auch Holz wurde 1910 von *Rettig* vorgeschlagen, ist aber nicht angewendet worden.

Einen Übergang von den nichtfaserigen zu den faserigen Bau- materialien der Ballontechnik bildet das Papier. Das Papier ist zwar ein faseriges Gebilde, die Fasern sind aber nicht »gerichtet«, so daß die Rißfestigkeit in jeder Richtung ungefähr gleich ist ebenso wie bei den nichtfaserigen Baumaterialien. Diese Riß- festigkeit ist aber viel zu gering (Gütegrad ca. 1,5), um in der

Ballontechnik dem Papier noch eine Rolle zu lassen. Diese geringe Rißfestigkeit ist auf die allzu kurze Faserlänge zurückzuführen. Auch ist die Dauerhaftigkeit wegen der erfolgten chemischen Angriffe auf die Zellulose bei der Fabrikation zu gering. Papier wurde nur in den Montgolfièren verwendet. Zuerst allein, dann wandte man mit Papier beklebte Leinwand an. Das aus den langen Reisfasern bestehende japanische Reispapier könnte eventuell auch heutzutage interessant werden. Auch Banknoten- und Pergamentpapier hatte man ohne Erfolg versucht.

Die richtigen, zur Darstellung der Ballonhüllen dienenden faserigen Stoffe sind die Gewebe.

Es kommen hierzu sowohl aus tierischen wie auch Pflanzenfasern bestehende Gewebe in Betracht. Technisch wichtig sind nur Seide und Baumwolle, obzwar auch Ramie, allerdings mit wenig Erfolg versucht wurde. Auch Leinen dürfte eines Tages interessant werden, hauptsächlich wenn man es zustande bringt, äußerst feine Fäden herzustellen, da Leinengewebe den Baumwollegeweben wenn auch nicht an Rißfestigkeit, so doch an Widerstand gegen Scherung bedeutend überlegen sind. Daß man heute nur Baumwolle und wenig Seide verwendet, ist dem zuzuschreiben, daß infolge der Möglichkeit der Erzeugung dünner Fäden bei Baumwolle und Seide die Maschen sehr gering werden und das Durchdringen des zur Dichtung verwandten Gummis verhindern, während die dickeren Leinenfaden größere Zwischenräume lassen, durch welche die Dichtungsmasse leichter durchdringt.

Wir wollen die einzelnen Gewebearten nacheinander in ihrer Brauchbarkeit für Flugzeughüllen in Betracht ziehen und hierbei die Klassifikation nach dem Gütegrad vornehmen.

Seide. Die Seide besteht aus zwei sich fast konzentrisch umschließenden elliptisch-zylinderförmigen Fäden, deren innerer das sog. Fibroïn (Seidensubstanz, ca. 65%), der äußere das Serizin (Seidenleim) ist. Es sind dies beide tierische Eiweißstoffe keratinartigen Charakters, die von der Seidenraupe *Bombyx Mori*, sekretiert werden. Die Seidenraupe hüllt sich zu einer gewissen Jahreszeit in diese Fäden ein, welche oft die Länge von 300 bis 400 m erreichen. Ihre Dicke wechselt von 0,01 bis 0,018 mm. Die französischen Seidenfäden, die besten, die man kennt, reißen bei einer Belastung von 450 g, haben also pro qmm Durchmesser einen Widerstand von ca. 40 kg, wie ein gutes Flußeisen, bei 5 mal geringerem Gewicht! Lange Zeit benutzte man ausschließlich Seide zur Konstruktion von Ballons; für Kugelballons ist sie geeigneter als Baumwolle, speziell wenn sie gefirnißt werden sollen, denn unter dem Einfluß des Lacks (Leinölsäure, Wärme) leidet Seide weniger als Baumwolle. Der hohe Vorteil der Seide ist

1. daß sie bei höherer Reißfestigkeit ein weit geringeres Gewicht besitzt;

2. daß sie infolge ihrer sehr starken Fäden, die im Webstuhl sehr wenig reißen, sich fehlerlos weben läßt und infolgedessen keine oder äußerst wenig Knoten besitzt;

3. daß sie infolge der großen Feinheit ihrer Fäden eine sehr dichte Webart zuläßt, wodurch die stark viskosen Impermeabilisierungsmittel nicht so stark in die Poren dringen und infolgedessen weniger leiden;

4. der große Widerstand des Gewebes gegen Scherung.

Diesen Vorteilen stehen auch als Nachteile der hohe Preis und die Neigung zum Brüchigwerden im Wege, sowie die elektrostatischen Eigenschaften. Die starke Elektronegativität der Seide könnte leicht die Entzündung des Balloninhalts durch einen Funken hervorrufen. Aber die Hauptgründe, welche zum Verlassen der Seide drängten, waren die starken Beschwerungen, denen man seit drei Jahrzehnten die Seide unterwarf. Beschwerte Seide widersteht viel weniger dem wiederholten Biegen und Falten wie z. B. Baumwolle. Nach Ansicht des Verfassers müßte heute ein guter, reiner, unbeschwerter Lyoner Seidentaffet, gut doubliert, der idealste Ballonstoff werden.

Die noch heute üblichen Seidenstoffe, die hauptsächlich zur Erzeugung von gefirnißten Kugelballons dienen, sind das Lyoner Seidentaffet und die indische und chinesische Pongeeseide. Hier und da wird auch leichte japanische Seide verwendet.

In der folgenden Zusammenstellung finden wir einige Charakteristiken verschiedener Seidensorten zusammengestellt:

Qualität	Anzahl der Fäden		Rißfestigkeit		Gewicht pro qm	Gütegrad
	Schuß	Kette	Schuß	Kette		
Lyoner Taffet .	38	45	1000	1000	51 g	ca. 20,0
Pongee-Seide . .	55	58	900	870	80 g	ca. 11,5
Japanische Seide	61	70	450	490	26 g	ca. 18,0

Das Bleichen schwächt die Seide, es ist also geraten, möglichst Rohseide, sog. »écru«-Seide, zu benutzen.

Weit geringere Rißfestigkeit für dasselbe Gewicht hat die B a u m w o l l e. Zur Verwendung für unsere Zwecke kommt nur langstapelige Baumwolle in Betracht, also *Sea Island* und *Jumel (Mako)*. Die Sea Island-Baumwolle ist eine spezielle Art durch Zuchtwahl zur vorzüglichen Qualität gebrachter amerikanischer Baumwolle. Dem langen Stapel des Fadens (ca. 40 mm) steht aber eine ziemlich große Dicke (0,035 bis 0,04 mm) entgegen. Ebenso langstapelig, aber eine bedeutend feinere Faserdicke besitzt die Jumel- oder Makobaumwolle, die in Ägypten seit den dreißiger Jahren des letzten Jahrhunderts zuerst auf Anraten des Genfer Ingenieurs *Jumel* von Mehemed Ali angebaut wurde, und deren Export heute auf 4 Mill. Tonnen jährlich gestiegen ist. Der Stapel ist 38 bis 39 mm lang, aber nur 0,02 bis 0,026 mm dick. Die durchschnittliche Zerreißfestigkeit ist 3 bis 4 g, also 10- bis 17mal geringer als Seide. Vor der Seide hat Baumwolle den Vorteil, weniger gegen Feuchtigkeit empfindlich zu sein, auch sich leichter biegen und falten zu lassen, hingegen hat sie einen geringeren Gütegrad und widersteht den Ballonfirnissen weniger als Seide und hat einen geringen Widerstand gegen Scherung. Auch bei der Baumwolle wird ein ähnlicher Fehler begangen wie mit dem Beschweren bei der Seide. Es ist dies das Appretieren. Bei Baumwollgeweben, die für Kleidung irgendeiner Art dienen sollen, hatte man in den Fabriken zur Gewohnheit, das Gewebe mit verschiedenen organischen und anorganischen Materialien zu behandeln (apprêter, dressing), um dem Gewebe mehr »Griff« zu geben. Diese Produkte klebten mehr oder minder die Fasern und Fäden zusammen, so daß eine scheinbare Steigerung der Rißfestigkeit entstand. Zugleich aber entstand auch eine Steigerung des Gewichtes, die Poren des Gewebes wurden geschlossen und schließlich trat auch die leichte Vergärbarkeit des Apprêts auf. Es ist keine Seltenheit, auf Ballonhüllen, die aus gummierten Geweben dargestellt, den Winter über gewohnheitsgemäß in ihren Gondeln verpackt bleiben, im Frühjahr ganze Kolonien von Schimmelpilzen, wie »Penicillium glaucum« und »Aspergillus niger«, zu finden, die ihre Nahrung aus dem Dextrin des Apprêts bezogen. Es wäre also das Appretieren von Baumwollgeweben möglichst zu vermeiden, ja sogar die beim Weben verwendete Schlichte

sollte entfernt werden (Dekatierung). Die langstapeligen Baumwollen werden meistens in England (Manchester) verwoben, jedoch
sind in den Vogesen und im Elsaß mehrere Firmen, welche auch
ganz gut brauchbare Baumwoll-Ballonstoffe liefern.

Da die Mercerisation (Behandeln der Baumwolle mit
konzentrierter Natronlauge) die Rißfestigkeit der Fasern stärkt,
so wird in neuester Zeit auch mercerisierte Baumwolle zur Erzeugung von Ballon- (und Äroplan-)Stoffen verwandt. — Infolge
der glatten Faseroberfläche haftet jedoch die Gummischicht nicht
tadellos an so behandelten Geweben.

Die hauptsächlichen in der Ballonbautechnik verwendeten
Baumwollgewebetypen sind die folgenden:

Gewicht in g/qm	Fädenzahl		Rißfestigkeit		Gütegrad
	Schuß	Kette	Schuß	Kette	
60	51	50	720	700	11
80	49	48	850	950	11
100	47	45	975	1000	9,7
110	46	44	1150	1000	10
140	42	43	1300	1350	9,7

Die Stoffe werden aber nie einzeln verwendet, außer für
Modelle und sog. Sondage-Ballons, welche meteorologische An-
stalten zur Erforschung höherer Atmosphärenlagen aussenden.

Die Luftschifftechnik verwendet ausschließlich mehrfache
Baumwollgewebe, und zwar doppelte und dreifache, ja sogar
vierfache. Diese Baumwollgewebe werden nach zwei Methoden
zusammengeklebt (zum Kleben wird derselbe Kautschuk verwendet, der auch die Gasdichte ergeben soll).

Nimmt man die beiden Stoffe und läßt sie einfach, nachdem
die beiden mit Kautschuk bestrichenen Seiten aufeinander gelegt
worden sind, durch einen Glattkalander gehen, so liegen (theoretisch)
die beiden Fäden, sowohl Schuß wie auch Kette, parallel.
Wenn man aber in der ersten beschriebenen Art die Stoffe so zu-
sammenklebt, daß die Fäden des einen Stoffes mit den Fäden
des andern Stoffes einen Winkel von 45° bilden, so sind dies
diagonale Stoffe.

Diese Diagonaldublierung geschieht wie folgt: Es werden
zwei Tische aneinandergestellt, und zwar in einem Winkel von 135°

(vgl. Schema der Fig. 5). An dem einen Ende des Tisches ist die Rolle *A* mit dem ersten Stoff. Dieser wird abgerollt und bis *C* gezogen, wobei das Dreieck *C* 1, 1 abgeschnitten wird; bei *B B*, wo ein tiefer Einschnitt im Tische ist, wird der Stoff durchgeschnitten, dann das abgeschnittene Stück *B B* 1 1 durch eine Arbeiterin erfaßt, welche es nach rechts schiebt, so daß der Stoff nunmehr nach 2′2′2 2 kommt. Das nächste Stück erhält man, wenn man

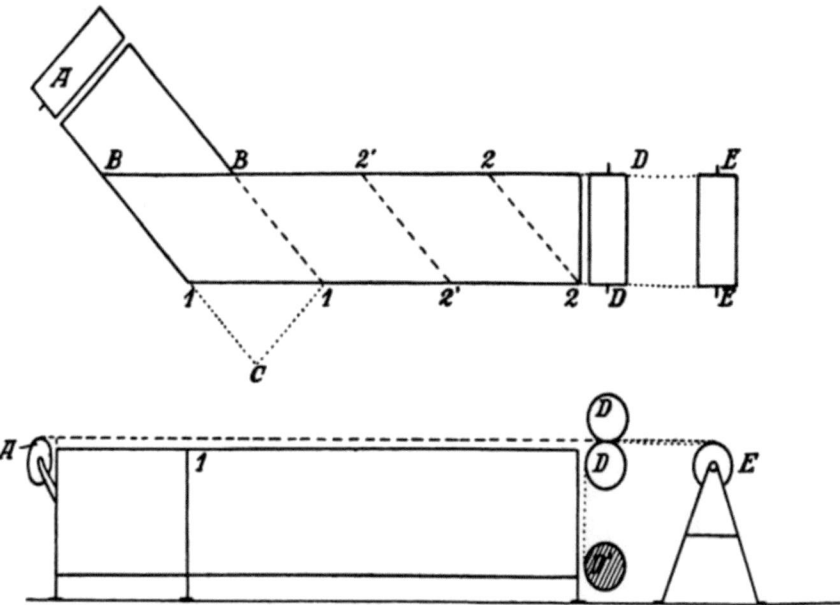

Fig. 5.
Schema einer Einrichtung zum diagonalen Doublieren von Ballonstoffen.

den Stoff der Rolle *A* von der Linie *B B* bis 1 1 weiter zieht; es fällt nunmehr kein Dreieck mehr ab, man kann das so abfallende Stück bis 2′2′*B* 1 schieben. Bei 2′2′ wird mit Gummilösung an dem Stück 2′2′2 2 eine Kante von ca. 15 bis 20 mm gemacht, um es mit dem nächsten Stück zusammenzukleben. Das Gewebe wird nun mit dem auf der Rolle *D′* befindlichen, ebenfalls bestrichenen Gewebe zwischen den beiden Zylindern *D D* dubliert und bei *E* aufgerollt. Der Stoff der Rolle *A* ist jetzt mit dem Stoff der Rolle *D′* diagonal dubliert. Eine einfache Rechnung zeigt, daß der Stoff der Rolle *A* breiter sein muß als der fertige dublierte Ballonstoff. Der Grund dieser Diagonal-

2*

dublierung liegt in dem geringen Widerstand gegen Scherung der Baumwollstoffe. Wir haben schon vorhin auf den geringen Scherungswiderstand der Baumwollstoffe hingewiesen. Man nehme z. B. irgendeinen der oben angeführten Stoffe. Es gelingt leicht, infolge des verhältnismäßig kurzen Stapels und der äußersten Feinheit der Fäden ihn zu reißen, wenn man ihn mit dem Daumen und Zeigefinger der beiden Hände nebeneinander erfaßt und in verschiedene Richtungen zieht. Man kann auch folgenden Ver-

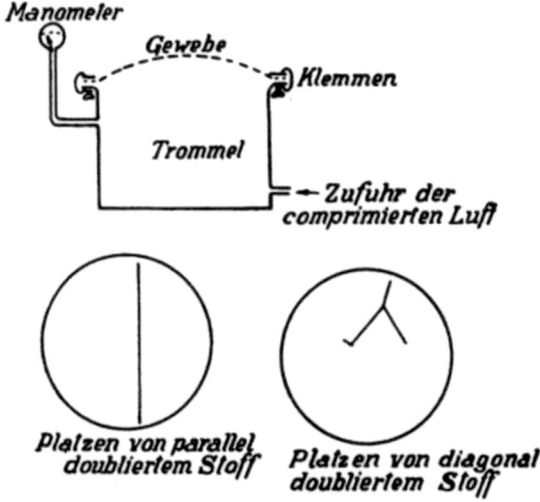

Fig. 6.
Schema des Zerplatz-Proben-Apparates, sowie von Zerplatz-Proben von Ballonstoffen.

such machen, dessen Resultat hauptsächlich zur Einführung der diagonal dublierten Stoffe führte: Man nehme den Apparat, der zur Messung der Zerplatzfestigkeit der Stoffe dienen soll (Fig. 6) und spanne darauf z. B. einen Ballonstoff aus zwei gleichen Stoffen, die parallel dubliert sind, und lasse Druckluft eintreten. Der Stoff wölbt sich. Man nehme nun ein Federmesser oder sonst einen spitzen Körper und führe einen leichten Schlag ungefähr in der Mitte des Probestückes aus. Dieses platzt und klafft sofort in der ganzen Länge des Probestücks auseinander.

Wiederholen wir aber den Versuch mit diagonal dubliertem Stoff, der ebenfalls aus den beiden identischen Stoffen dargestellt ist wie der parallel dublierte, der also theoretisch gegen Platzen dieselbe Festigkeit haben soll, und führen wir mit dem spitzen Körper denselben Schlag aus wie beim parallel dublierten Stoff: anstatt in der ganzen Länge aufzuplatzen, sehen wir, wie Fig. 6 unten es zeigt, eine kleine Öffnung. Das Weiterreißen durch Scherung des Gewebes wird in jeder Richtung durch den diagonal verlaufenden Faden gehemmt. Wenn wir den Versuch so ausführen, daß wir den Initialriß nicht verursachen, sondern bis zum Platzen des Gewebes Druckluft eintreten lassen, so werden wir dasselbe Rißgebilde konstatieren, zugleich aber sehen, daß der Widerstand des Gewebes, ob parallel ob diagonal dubliert, identisch ist. Der erste Versuch reproduziert den Fall, der sich einstellt, wenn eventuell ein Geschoß auf die unter Druck befindliche Hülle trifft: der ganze Ballon, wenn er aus parallel dubliertem Stoff besteht, wird entlang eines Fadens aufbersten; das Füllgas entweicht fast auf einmal, der Ballon wird stürzen; besteht er aber aus diagonal dubliertem Stoff, so wird die Öffnung bedeutend kleiner, das Gas strömt in viel geringerer Menge aus, der Ballon bleibt manövrierfähig. Der erste Fall traf auch bei der Katastrophe des französischen Lenkballons »République« ein, wo eine Propellerscherbe die Hülle aufriß, den sofortigen Sturz des Ballons verursachend.

Es wäre aber viel einfacher, von der Baumwolle etwas abzugehen und Leinen als Konstruktionsmaterial der Ballonhüllen anzuwenden. Der Gütegrad von Leinen ist ungefähr identisch oder ganz wenig ungünstiger als der Gütegrad von Baumwolle. Die Faser hat einen längeren Stapel, ca. 45 mm, aber auch eine bedeutend größere Dicke, bis zu 0,042 mm. Die Nachteile des Leinens gegenüber Baumwolle sind: Man muß viel dickere Fäden verwenden, wodurch die Maschen größer werden, sonst ist es in jeder Beziehung der Baumwolle überlegen, es widersteht der Feuchtigkeit besser, es läßt sich infolge der längeren Faser leichter biegen und falten als Baumwolle. Es liegt zwischen Seide und Baumwolle. Der Preisunterschied ist jedoch zu groß für den Gütegradunterschied, und man hat bisher die Frage des größeren Widerstandes gegen Scherung ziemlich vernachlässigt. Wenn Seide das geeignetste Rohmaterial für Militärballons zu sein scheint, so dürfte dubliertes feines Leinen das geeignetste für größere Lenkluftschiffe sein. Der Grund, warum man bisher Leinen so wenig anwandte, mag darin liegen, daß man bei Beginn des Baues der Lenkluftschiffe einfach die Erfahrungen mit Kugelballons auf Lenkballons übertrug und die Produkte nur oberflächlich und unwesentlich änderte. Dies rächte sich dann auch auf einem anderen Gebiete. Rationelleres Studium des Problems wird bald zur weiteren Verwendung des Leinens führen, so wie es beim Aeroplan geschah.

Folgende Tabelle gibt eine Übersicht über die gebräuchlichsten Leinenstoffe.

Gewicht	Zahl der Fäden		Rißfestigkeit		Gütegrad
	Schuß	Kette	Schuß	Kette	
105 g	29	31	860	950	9
125 g	33	38	1100	1250	9
175 g	37	40	1600	1550	9
200 g	39	42	1900	1950	9,5

Was bei Leinen auffällt, ist, daß man Stoffe mit ganz geringem Gewicht wie bei Seide oder Baumwolle überhaupt nicht herstellen kann. Dies dürfte wohl auch ein Grund zur Vernachlässigung des Leinens gewesen sein. Wie dem auch sei, es steht fest, daß zum Bau von großen Lenkluftschiffen (Wellmann usw.), die keine starren Gerippe haben, statt der dreifachen Baumwollgewebe mit dem mittleren als Diagonalstoff, sich mit Vorteil gute Typen von parallel dubliertem feinen Leinenstoff verwenden ließen, wodurch bei gleicher Platz- und größerer Rißfestigkeit, mit weniger Gummi und geringerem Gewicht eine größere Dauerhaftigkeit zu erzielen wäre. Es seien hier z. B. die Zusammensetzungen eines jetzt zum Bau von 20 000 cbm-Lenkballons verwendeten dreifachen Baumwollstoffs und eines gleich festen doppelten Leinenstoffs gegeben.

Dreifacher Stoff Baumwolle:

Gelber Baumwollstoff . . . . 85 g,
Kautschuk . . . . 65 »
Roher Baumwollstoff . . . . 85 »   Gewicht 550 g
Kautschuk . . . . .100 »   pro qm.
Roher Baumwollstoff . . . . 85 »
Schutzkautschuk . . . . . . 30 »

Widerstand. In Parallelrichtung:
  Schuß: 2200 kg/m,
  Kette: 2000 kg/m.

In Diagonalrichtung:
  1560 kg/m in Schuß,
  1605 kg/m in Kette.

Doppelter Leinenstoff:

Gelber Leinenstoff	155 g,	Widerstand:
Kautschuk	170 »	Schuß 2050 kg/m,
Roher Leinenstoff	155 »	Kette 2100 kg/m,
Schutzkautschuk	30 »	Gewicht 510 g.

Es sei noch der R a m i e gedacht, die eine Zeitlang durch die *Société des tissus biaisés* in Lyon als Ballonstoffmaterial verwendet wurde. Diese brachte ein Gewebe in den Handel, wo Schuß und Kette sich unter ca. 60° kreuzten. Dieser Stoff wurde erzeugt, indem das Weben sehr seicht geschah und nachher das Gewebe so verzerrt wurde, daß die Schuß- und Kettenfäden einen Winkel von 60° miteinander bildeten. Die Verteilung des Widerstandes in der Ebene des Gewebes ist bei dieser Webart natürlich u n - g l e i c h m ä ß i g. An der Ramie haftet infolge der glatten Faseroberfläche der Kautschuk schlecht und kommt leicht zum Abblättern. Außerdem aber enthält die Faser schwer entfernbare, leicht vergärbare Inkrustationen, so daß deren Festigkeit mit der Zeit bedeutend abnimmt. Das Produkt hat sich nicht bewährt.

Sie hat auch den Nachteil des Leinens, daß die Fäden zu dick sind und leichte Gewebe unter 100 g damit nicht hergestellt werden können.

Die bisher aufgezählten physikalischen Eigenschaften der verschiedenen Gewebe müssen vor ihrer Aufarbeitung zu Ballonstoffen, d. h. vor ihrer Impermeabilisierung, sorgfältig geprüft werden. Man verwendet zu diesem Behufe das D y n a m o m e t e r. Es sei hier speziell auf den *Schopper*schen Dynamometer hingewiesen, der verschiedene Ausführungen besitzt, mittels denen man nicht nur die Inanspruchnahme resp. Festigkeit der Gewebe, sondern auch diejenige Verlängerung zugleich messen kann, welche die Stoffe bei jeder Inanspruchnahme erleiden. Die so erhaltene

Kurve ist ungemein wichtig, um den Konstrukteur über die Volumänderung seines Ballons bei verschiedenen Drucken zu unterrichten. Auch ist es geboten, verschiedene Stoffe bei ihrer Normalinanspruchnahme herum öfters zu be- und zu entlasten und zu
sehen, ob eine Art Ermüdung des Stoffes eintrifft resp. dasjenige
Fabrikat wählen, welches die geringste Ermüdung zeigt. Die Ausführung dieser Versuche soll womöglich mittels 15 cm langen
und 5 cm breiten Proben erfolgen, die gleichmäßig entfasert sind
und nicht mit der Schere auf 50 mm Breite gebracht worden sind.

Speziell zum Prüfen von in der Luftfahrttechnik benutzten
Stoffen ist der für die *Royal Aircraft Factory* in *South Farnborough*
in England von *W.* und *T. Avery* in Birmingham gebaute Apparat. Bei diesem Apparat (Fig. 7), der bis zu 550 kg Zug ausüben kann, erfolgt die Belastung durch Zufluß von feinem Schrot
in einem am Hebelarm befindlichen Behälter. Die Geschwindigkeit des Zuflusses, somit auch die raschere oder langsamere Inanspruchnahme des Musters kann geregelt werden, wodurch
mancher Messungsfehler ausgeschaltet wird, denn es wird nun
möglich, alle Muster mit gleicher Geschwindigkeit zu reißen;
bekanntlich ist dies auf die Resultate von großem Einfluß. Eine
sinnreiche Hebelkonstruktion registriert auf einmal die Verlängerung des Musters und die Belastung, so daß man am Ende der
Probe ein Diagramm erhält (wie beim Schopperschen Apparat),
das die Verlängerung in Funktion der Belastung resp. der Inanspruchnahme wiedergibt.

Außer der Rißfestigkeit und der dazugehörigen Elongation sei
noch besonders auf die Spinn- resp. Webefehler zu achten.

Die Knötchen sind sorgfältigst zu vermeiden resp. müssen
im Glättkalander plattgedrückt werden. Viele Ballonfabriken
nehmen überhaupt keine Ballonstoffe an, die pro Meter mehr als
eine gewisse Anzahl Knötchen haben, denn die Ballonkonstrukteure sind gezwungen, kleine 1 bis 2 qcm große Tüpfchen an diesen
Stellen aufzukleben und rechnen dies im Preise des Stoffes ab.
Diese Fehler kommen bei Seide fast nie vor, da der Seidenfaden
beim Weben selten reißt und dann leicht, und seiner geringen
Dicke wegen unauffällig reparierbar ist; auch bei englischen Baumwollprodukten sind Knoten ein seltener Fall. Bei den kontinentalen
Baumwollwebereien hat man es noch nicht zu einer so großen
Regelmäßigkeit gebracht. Es sei auch darauf hingewiesen, daß

dies oft seinen Grund darin hat, daß man in England die echte Mako- (Jumel-) Baumwolle verarbeitet, während am Kontinent viel gefälschte Makobaumwolle als echt Jumel verkauft wird. Die

Fig. 7.
Averysches Dynamometer.

charakteristische leichte Braunfärbung der Makobaumwolle wird auf minderwertigen amerikanischen Baumwollen durch künstliche Färbung nachgeahmt[1]).

---

[1]) Zum Nachweis, vgl. Kunststoffe 1913, S. 181.

Es empfiehlt sich auch, die zu bestreichenden Stoffe am Photometer zu untersuchen, um die Größe und Gesamt-Oberfläche der Maschen in Prozenten festzustellen. Hierdurch hat man es in der Hand, dickere oder dünnere Gummilösungen zum Bestreichen zu verwenden.

Einen wichtigen Punkt bildet bei den zu Ballonstoffen verwendeten Textilmaterialien die F ä r b u n g. Seide wird gewöhnlich écru, also leicht khakifarbig verwendet, Baumwolle hingegen wird auf Grund von *Viktor Henris* Äußerungen gelb gefärbt. Viktor Henri stellte nämlich fest, daß hinter einer mit Chromgelb gefärbten Gelatine, die auf eine Glasplatte ausgebreitet war, Kautschuk durch das ultraviolette Licht nicht oder nur wenig angegriffen wird. Dies ist allerdings richtig, aber es würde sich auf jedes Licht nicht durchlassende Pigment, also Ocker, Blanc fixe usw., wenn diese gut auf die Faser fixiert werden könnten, ebenso anwenden lassen. Nun ist Chromgelb ein opakes Pigment, welches sich mit größter Leichtigkeit auf der Baumwollfaser fixieren läßt, indem man den Stoff bloß durch ein Chromatbad, dann durch ein Bleisalzbad zieht. Es wird nun die ganze Faser mit Bleichromatpartikelchen durchtränkt, welche ziemlich fest daran haften. Die ungefärbten Baumwollgewebe aber, wie man sich unter dem Mikroskop überzeugen kann, sind sehr wohl durchscheinend, sie lassen also verschiedene Lichtstrahlen, so auch chemisch aktive, durch. Eine unter solchem Gewebe befindliche Kautschukhaut wird durch die chemischen aktiven Lichtstrahlen bald zerstört. Es wird sich selbstverständlich ein Vorteil für solche gefärbte Baumwollgewebe nachweisen lassen, die durch und durch von undurchsichtigem Bleichromat durchsetzt sind, denn diese werden die Lichtstrahlen nur bei den Maschen (die ja nur 11 bis 14% der Oberfläche ausmachen) durchlassen. Aber dieses Resultat wäre mit jedem opaken, auf der Faser fixierten Pigment zu erreichen, so z. B. auch mit Manganbister, welcher aber die Wärmestrahlen zu sehr absorbiert, wie es die Versuche ziemlich klar nachwiesen. Dasselbe beweisen die lichtundurchlässigen »metallisierten« Gewebe, die die Wärmestrahlen reflektieren.

Trotzdem blieb man, ohne die Sache zu vertiefen, beim Bleichromat stehen, schrieb die Wirkung der gelben Farbe zu und wandte längere Zeit die Bleichchromatfärbung an. Solange dieser Stoff nur mit unvulkanisiertem Kautschuk in Kontakt war, ging dies auch ganz gut. Bald aber mußte man ganz durchvulkanisierte Stoffe machen und fand da, daß bei der Heißvulkanisation der im Kautschuk befindliche freie Schwefel während der Vulkanisation mit dem Blei des Bleichromats sich zu Schwefelblei verbindet und die Stoffe verfärbt. Man ließ nun einfach das Bleichromat weg, suchte einen Anilinfarbstoff gleicher Nuance und wandte diesen an. Wenn man aber diese Farbstoffe auf ihre Wirksamkeit untersucht und mit dem Bleichromat vergleicht, so findet man, daß sie meistens unwirksam sind. Die mit solchen Anilinfarbstoffen (z. B. direkt färbenden Baumwollfarbstoffen, Benzogelb usw.) gefärbte Faser im Mikroskop untersucht, bleibt ebenfalls durchscheinend; der Farbstoff bildet kein Pigment, sondern ist in der Faser gelöst. Wenn wir nun zwei planparallele Quarzglasplatten nehmen und darauf mit dem Anilinfarbstoff gefärbte Gelatine einerseits und anderseits mit dem Chromgelbpigment versehene Gelatine aufstreichen, wobei wir also dieselben Verhältnisse haben wie bei der mit Anilinfarbe und mit Chromgelb gefärbten Faser, diese beiden Platten vor die Quecksilberdampflampe stellen und die Menge der von beiden durchgelassenen chemisch aktiven Strahlen zu vergleichen versuchen, so sehen wir, daß wohl das mit Chromat gefärbte Gelatinehäutchen bedeutend wirkungsvoller als Lichtfilter ist, als das mit Anilingelb gefärbte. Es wäre deswegen nötig, jeden für Ballonzwecke verwendeten gelben Farbstoff nach der Methode von *Formanek* spektroskopisch zu untersuchen, speziell für die im Ultraviolett liegenden Teile des Spektrums. Bis man nicht die Kraft der Strahlenabsorption der Farbstoffe bestimmt hat, wäre das Beibehalten eines Pigmentes viel sicherer. Man bleibe doch beim bewährten Chromgelb.

In dieser Beziehung bedeuten die »metallisierten« Gewebe einen Fortschritt, indem hier die 8 bis 10 g Aluminiumpulver pro qm, die auf die Oberfläche des Gewebes aufgestreut und dort mit einer dünnen vulkanisierten Kautschukschicht festgehalten wurden, die Rolle des undurchscheinenden Pigmentes spielen, indem sie fast gänzlich lichtundurchlässig sind. Hingegen ist es ein Irrtum, daß sie die Erwärmung des Ballongases verhindern. Sie reflektieren wohl einen Teil der Wärmestrahlen; der Ballon kommt aber, ob mit oder ohne metallisiertem Gewebe gemacht, unter gleichen äußeren Umständen zu derselben Endtemperatur, bloß geschieht dies bei Ballons aus metallisierten Geweben etwas später. Das metallisierte Gewebe vermag also die Erwärmung der Hülle und des Gases nur in geringem Maße zu verzögern, nicht aber zu verhindern. Bei Kugelballons, die kurze Zeit mit der Atmosphäre in Kontakt bleiben, dürfte auch dies einen ge-

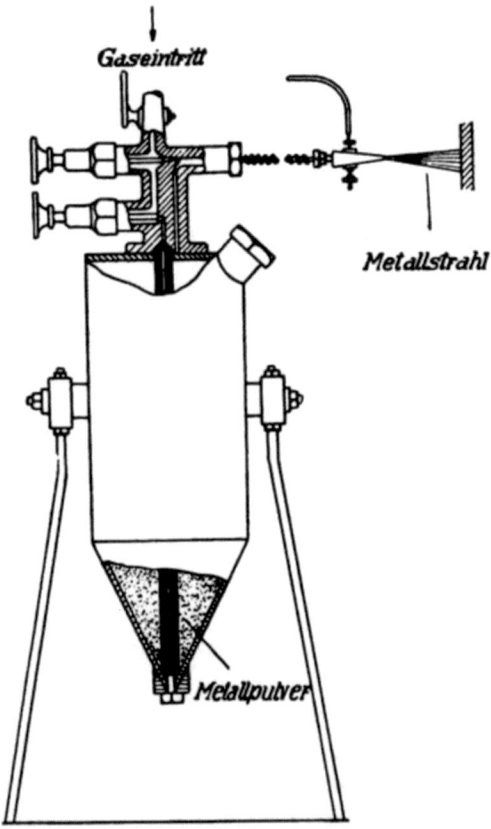

Fig. 8.
Konstruktionsdetails des »Schoop«schen Metallspritzverfahrens mittels Metallpulver.

wissen Fortschritt bedeuten. Außerdem aber macht die Gummischicht, welche zur Bindung des Metallpulvers verwendet wird, das Gewebe wasserundurchdringlicher.

Es wurde Aluminium nicht nur infolge seines geringen Gewichtes, sondern auch infolge seiner Unangreifbarkeit durch Schwefel, der zur Vulkanisation dient, angewendet.

Da einige Zeit die Explosion von Lenkluftschiffen der Funken-
bildung durch Elektrizität zugeschrieben wurde, die sich durch

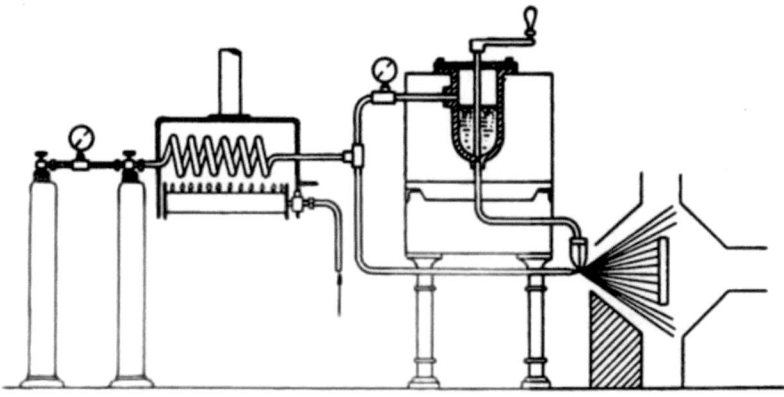

Fig. 9.
Schema einer Einrichtung des Schoopschen Verfahrens mit geschmolzenem Metall.

Luftreibung an den aus Isolationsmitteln bestehenden Ballonhüllen bildet, wurde es auch (*Weil*, D. R. P. A. 41 361 vom 16. I. 1913)
vorgeschlagen, leitende Ballon-
stoffe herzustellen. Es soll hierbei
zuerst der Ballonstoff selbst mit
pulverförmigem Graphit so behandelt werden, daß er leitend
wird, d. h. der Stoff wird mit
feinem Graphitpulver ohne Binde-
mittel bestreut, nachher aber soll
er einen mit Graphit als Füllung
versetzten Gummiüberzug erhalten. Durch einen so ausgebildeten Ballonstoff sollte die Elektrizität auf sämtliche Metallteile
verteilt, und die Explosionsgefahr
herabgemindert werden. Die Resultate mit diesem Stoffe müssen
einstweilen abgewartet werden.

Fig. 10.
Metallisierung einer Kanne nach dem
Schoopschen Verfahren.

In den letzten Jahren wurde auch das *Schoop*sche Verfahren
der Metallisierung für Ballonstoffe vorgeschlagen. Dieses Verfahren besteht darin, unter hohem Druck Metallpulver in eine

Gebläseflamme zu blasen und den darin erhitzten, aus geschmolzenen Metallkügelchen bestehenden Strahl auf die Gewebe aufzu-
spritzen. Die Kügelchen erstarren an der Gewebeoberfläche und
bilden einen (das Verfahren für Gewebe ist nur mit Blei und Zinn
ausführbar wegen deren niederem Schmelzpunkt) mattgrauen
Überzug, der eventuell auch nachpoliert werden könnte. Sowohl
dieser Überzug wie auch der mittels Aluminiumpulver und Kautschuklösung erzeugte sind aber wegen der leichten Oxydierbarkeit
durch Luft ziemlich unbeständig. Das Verfahren von Schoop
läßt sich auch mit geschmolzenem Metall ausführen.

Bisher scheint sich auch das Schoopsche Verfahren in der
Luftschiffindustrie nicht besonders verbreitet zu haben, was wohl
daran liegen kann, daß das Verfahren die Gewebe zu stark belastet
(ca. 50 bis 60 g Zink pro qm, um einen wirklich effektiven Schutz
zu erreichen). Die leichte Ausführbarkeit des Verfahrens (vgl.
Fig. 8, 9, 10) dürfte aber noch in der Zukunft eine Weiterver-
breitung des Verfahrens ermöglichen, wenn nicht für Gewebe,
so doch als Überzug für hölzerne Konstruktionsteile, wie es an
einem Äroplan *(Borel)* in dem Pariser Ärosalon 1912 zu sehen war.

III. Kapitel.

Impermeabilisierung der Stoffe: Fabrikatorische Darstellung der Gummistoffe. Qualitative und quantitative Messung der Gasdichtigkeit.

Nachdem nun die mechanischen und physikalischen Eigenschaften der Ballonhüllengewebe bekannt sind, können wir uns deren Verarbeitung auf gasdichte Gewebe näher ansehen. Die Impermeabilisierung kann mit verschiedenen Mitteln erfolgen: Leinöl, Gummi, Zelluloseester usw. Heutzutage werden aber noch über 90% der Lenkballonhüllen sicherlich mit Kautschuk impermeabilisiert, und ist die Fabrikation von Ballonstoffen eine richtige Großindustrie geworden. Eines der Rohmaterialien dieser Großindustrie, das Gewebe, ist uns bekannt. Das zweite, ebenfalls sehr wichtige Rohmaterial ist die Kautschuklösung.

Der hierzu verwendete Kautschuk ist das koagulierte Kolloid der Milchsäfte der Hevea Brasiliensis. Andere Kautschuke als die, die aus a l t e n Heveabäumen des Amazonengebietes entstammen, sind wegen ihres Harzgehalts und ihrem hohen Gehalt an Fermenten zu verwerfen. Eine Ausnahme dürften die auf südindischen und malaiischen Plantagen gewonnenen Plantagenkautschuke bilden, die ebenfalls aus Heveamilchsäften gewonnen sind. Die Heveakautschuke enthalten nachweislich die geringste Menge oxydierender Fermente, so daß sie die geringste Neigung zur Oxydation, also zum Verharzen haben.

Der Heveakautschuk kommt entweder als »Para«-Kautschuk, sog. hardcure Para, in 8 bis 10 kg schweren, 30 cm langen, 20 cm dicken eiförmigen Klumpen in den Handel, teils in dünnen, weißgelben, lederartigen, an der Oberfläche schwach verrunzelten Fellen. Im ersten Falle, wenn das Produkt einen starken Kreosot- oder

oder Rauchgeruch hat, stammt es aus dem Amazonengebiet, im zweiten Falle haben wir es mit Plantagenprodukten zu tun, die ebenfalls sehr sorgfältig hergestellt sind und bei denen der etwa fehlende Nerv durch große Regelmäßigkeit des Produktes günstig ersetzt wird.

Es ist nicht allgemein bekannt, daß der Kautschuk n i e e i n d e f i n i t i v e s P r o d u k t i s t, sondern als Kolloid eine gewisse »L e b e n s d a u e r« hat, also sich in ständigem Übergangszustand befindet. Die üblichen Methoden der Vulkanisation, der Kautschukverarbeitung im allgemeinen, zielen darauf hin, den Kautschuk möglichst lange in einem solchen Übergangszustand zu bewahren, der für den betreffenden Zweck, für welchen Kautschuk verwendet wird, am besten geeignet ist. Da nun die allgemeinen Verwendungszwecke des Kautschuks derart sind, daß man von diesem Produkt einen möglichst hohen Nerv (große Elastizität verbunden mit Zähigkeit) erfordert, so hat man speziell solche Methoden der Kautschukbehandlung ausgearbeitet, die zur Erzielung dieses Zweckes dienen. Diese Methoden taugen aber nicht in jedem Fall zur Erzielung der Gasdichtigkeit, die für uns hier allein von Bedeutung ist. In diesem Spezialfall muß unbedingt mit der »Vorgeschichte« des Kautschuks gerechnet werden; es sei schon hier darauf hingewiesen, daß je öfter und je länger und je höher der Kautschuk erhitzt worden ist, um so gasundichter wird er, d. h. um so leichter adsorbiert er Wasserstoff. Der Versuch ist leicht auszuführen. Bei der Darstellung der Ballonstoffe muß also sorgfältig jede überflüssige Erhitzung vermieden werden. Hingegen ist ein längeres Kneten zur Erzielung einer größeren Plastizität nicht nur erlaubt, sondern direkt wünschenswert. Das längere Kneten beeinträchtigt nur den Nerv, nicht aber die Gasdurchlässigkeit. Da es aber in den Gummifabriken zum Prinzip wurde, nichts zu tun, das den Nerv beeinträchtigt, so wird ein längeres Kneten auch verpönt! Der Nerv des Kautschuks spielt bei der Ballonstoffabrikation überhaupt keine Rolle, da die Elastizität vom Gewebe und nicht vom Impermeabilisierungsmittel bestimmt wird.

Das rohe Produkt wird nun zuerst mit einem Waschwalzwerk (Fig. 11) gewaschen. Die Stücke werden zerschnitten und auf die geriffelten Zylinder der Maschine geworfen; aus dem Rohre *A* strömt ein feiner, aber ausgiebiger und scharfer Wasserstrahl auf

den Kautschuk, um ihn von den kleinen Beimischungen, Holz-
teilen usw., deren es in guten Parasorten ca. 8 bis 12% gibt, zu
befreien. Der Abstand der Zylinder ist regulierbar; man drückt
sie immer mehr und mehr zusammen, bis endlich der Kautschuk
in Form eines dünnen Felles die Waschmaschine verläßt. Dieses

Fig. 11.
Dreizylinder-Waschwalzwerk für Kautschuk.

Fell, an dem noch ziemlich viel Wasser haftet, wird in den Zen-
trifugen abgeschleudert, um das oberflächliche Wasser zu entfernen,
dann aber in großen Trockenräumen 3 bis 4 Wochen lang bei
18 bis 22° getrocknet. Während des Trocknens sorgt man für einen
von unten nach oben parallel mit den Fellen gerichteten Luftzug.
Licht sei hierbei möglichst vermieden. Auch vermeide man es,
die Felle auf Drähte zu hängen. Ebenso zu vermeiden wären

Vakuumtrockner, denn bei der höheren Temperatur dieser Trockner büßt der Kautschuk an seinen impermeabilisierenden Eigenschaften ein. Außerdem wird bei Vakuumapparaten das im Innern des Felles befindliche Wasser zu heftig entfernt und reißt kleine Kanäle in die Felle.

Die getrockneten Felle werden nun, wenn es sich um heißvulkanisierte Stoffe handelt, mit Schwefel und Paraffin, wenn es sich um kaltvulkanisierte Stoffe handelt, mit Paraffin allein auf der Mischwalze (Fig. 12) vermischt.

Fig. 12.
Mischwalzwerk für Kautschuk. (Berstorff, Hannover).

Das Verhältnis von Schwefel zu Kautschuk ist am günstigsten mit 7% Schwefel zu bemessen. Mehr wie 3% Paraffin zu verwenden, ist wegen dessen Reaktion mit dem Schwefel nicht ratsam. Paraffin hat einen vorzüglichen Einfluß auf die Gasdichtigkeit, ohne die Haltbarkeit der Gummischicht zu beeinträchtigen.

Man nimmt die trockenen Felle (für 1,20 m lange Walzen der Mischmaschine ca. 5 kg) und läßt sie auf einer ca. 50⁰ C heißen Walze zu einer »Puppe« kneten, setzt dann die Paraffinmenge derart zu, daß man das abgewogene Paraffin während des Knetens an dem heißen Zylinder so abschmilzt, daß das geschmolzene sofort mit der Kautschukpuppe vereinigt wird. Erst dann setzt man den fein gepulverten Schwefel in kleinen Portionen zu. Nach dem Mischen zieht man das Produkt zu einer feinen Platte aus, zerkleinert es und löst es in dem Knetwerk (Fig. 13).

Als Lösungsmittel ist ein einheitlich siedender Stoff, möglichst Benzol, zu nehmen, oder, bei hohen Benzolpreisen, Toluol.

Fig. 18.
Knetwerk für Kautschuklösung.

Gemische sind zu vermeiden, denn bei der ungleichmäßigen Verdampfung bleibt das schwerer Siedende zurück, und man hat die Tendenz, das im Gummi zurückbleibende Restprodukt durch eine stets ungünstig wirkende Temperaturerhöhung zu verjagen.

Man nehme nie zu dicke Lösungen, denn diese dringen nicht genug in die Poren ein, auch nicht zu dünne, denn diese schlagen zu leicht durch die Poren durch. Da die Viskosität der Kautschuklösungen sich mit dem Jahrgang des Rohmaterials usw. ändert, ist hier ein gewisser Spielraum da. Am besten sind Lösungen mit 25 bis 35% Kautschuk. Eine 25 proz. Lösung soll für die ersten, eine stärkere Lösung für die letzten Striche genommen

werden, die das Zusammenkleben von zwei Stofflagen bewerk-
stelligen. Je länger der Kautschuk geknetet wurde, um so leichter
löst er sich und um so klebriger wird er. Die starken Lösungen,
die ja für die letzten Striche dienen, sollen also aus beiden Gründen
mit stark gewalzten Produkten hergestellt· werden. Man läßt das
Knetwerk ca. einen Tag laufen, dann passiert man noch die Lösung
zwischen zwei Steinwalzen, die ähnlich wie eine Farbreibmaschine
angeordnet sind, um etwaige Krümel in der Lösung zu zerreiben.

Fig. 14.
»Spreader« zum Streichen von Stoffen mit Kautschuklösung.
Tischkonstruktion. (Berstorff.)

Die fertige Lösung wird nun auf die Gewebe gestrichen. Dies
erfolgt auf einem Apparat, der »Spreader« genannt wird. Es gibt
deren 2 Typen: der erste (Fig. 14) ist ein langer, mit Dampf ge-
heizter Tisch.

Das Gewebe ist auf dem Zylinder aufgerollt. Es passiert das
Messer, auf welchem zwischen den beiden Reitern die Streichmasse aufgeschüttet wird. Durch Einstellen der Höhe und des
Winkels dieses Messers läßt sich die Dicke der Schicht regeln.
Der bestrichene Stoff passiert nun über den mit Dampf geheizten
Tisch und wird auf eine neue Walze aufgewickelt, die dann bei
einer zweiten Schicht die Stelle der ersten Walze einnimmt. Da
die Temperatur bei Tischen nicht immer gleichmäßig ist, wendet
man speziell in England und Frankreich die zweite Type (Fig. 15),

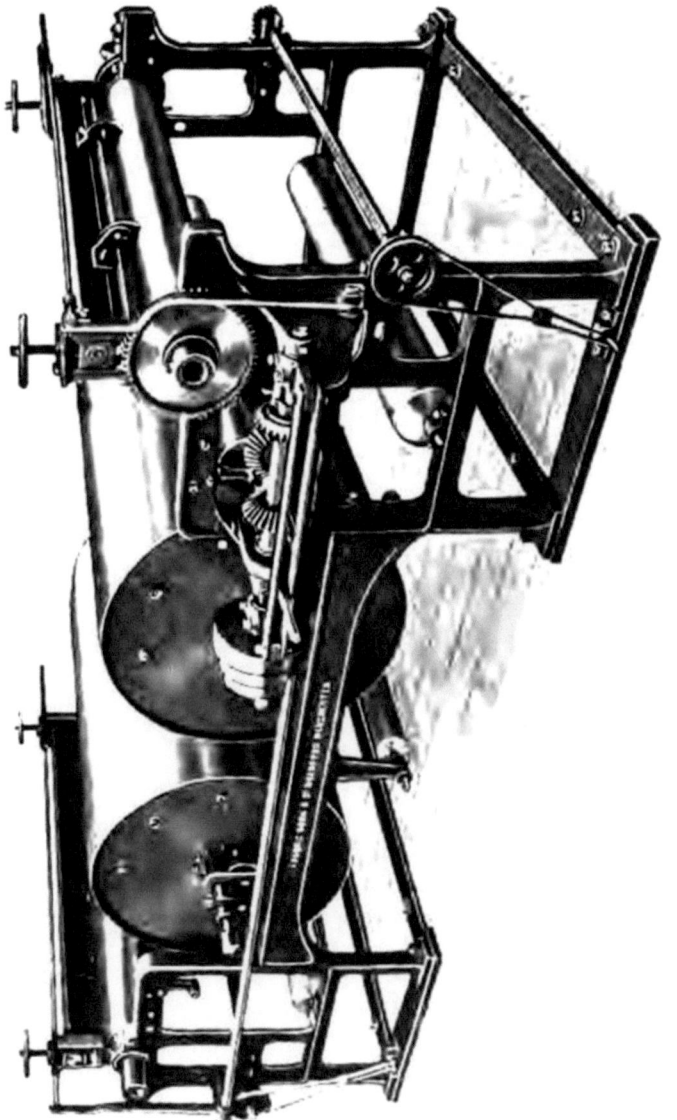

Fig 15.
»Spreader« zum Streichen von Stoffen mit Kautschuklösung. Trommelkonstruktion.

den Trommelstreicher an. Den Unterschied der beiden Typen
gibt schematisch die Fig. 16.

Das Bild Fig. 15 stellt eine Maschine der Firma *Francis Shaw*,
Manchester, vor. Nachdem der Stoff hier die Streichunterlage
passiert und die nötige Menge Kautschuk mitgenommen hat,
umläuft er den ersten, sorgfältig auf gleicher Temperatur geheizten Zylinder, dann die Rolle, dann den zweiten Zylinder von

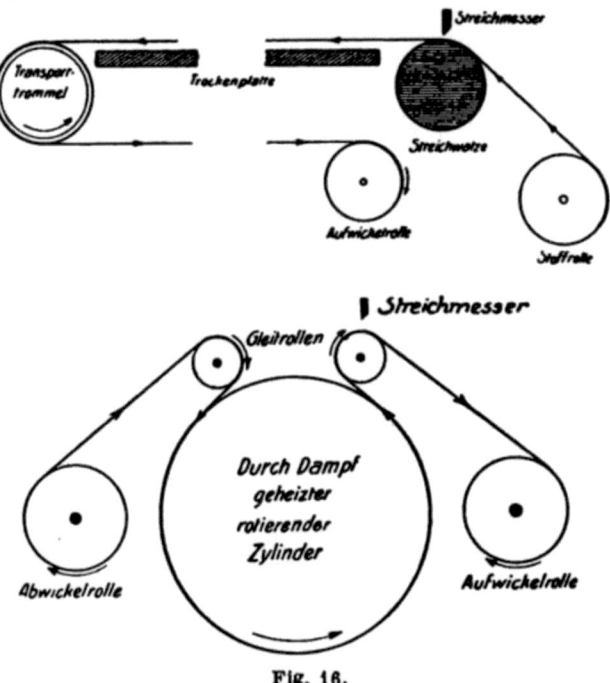

Fig. 16.
Schematischer Vergleich der zwei verschiedenen Spreader-Typen.
Oben die Tischkonstruktion, unten die Trommelkonstruktion.

unten nach oben, um endlich aufgerollt zu werden. Der Stoff
wird nie allein gestrichen, sondern es ist immer noch ein »Mit-
nehmer«, ein anderes Gewebe, das nicht gestrichen wird und
das als Zwischenlage beim Aufrollen dient, dabei. Beim Streichen
muß die zwischen den Reitern befindliche Gummilösung schön
glatt sein und gleichmäßig aussehen. Es soll eine Art Teig-
rolle vor dem Messer entstehen. Sie darf keine Striche machen,
sondern eine gleichmäßige Schicht hinterlassen. Dies erhält man,
indem man äußerst dünne Schichten erzeugt. Die Geschwindigkeit

des Streichens ist mit ungefähr 6 m in der Minute bemessen, so daß der Arbeiter Zeit hat, etwaige Fehler zu beheben. Man rechnet 15 bis 16 Passagen für eine Schicht von 125 g Kautschuk. Die Tische und Zylinder sollen immer unter dem Siedepunkt des Lösungsmittels bleiben, damit dieses nicht in Blasen entweiche und so die Schicht durch Aufreißen von Bläschen porös macht. Auch die Erwärmung schadet der Impermeabilisierungseigenschaft von Gummi.

Der Stoff wird nach jeder Passage gewogen, und bei Stoffen, die heiß vulkanisiert werden, zum Schluß noch getalgt.

Nachdem die einzelnen Stoffe so gestrichen wurden, werden sie, wie im vorigen Kapitel beschrieben, dubliert. Als äußerer Stoff wird gewöhnlich ein gelber Stoff verwendet, der eine Schicht von 18 bis 25 g Kautschuk hat. Dieser Stoff wird, wie im Kapitel II beschrieben, geschnitten, er hat keine gewobene Kante. Der Ecrustoff hat dann die größere Kautschukmenge. Soll dieser Stoff noch eine Schutzschicht von Kautschuk haben (die überflüssig ist und früher zur Verteidigung der Baumwolle gegen die vermeintlich schädigenden Verunreinigungen des Wasserstoffs dienen sollte), so wird diese Schicht nach dem Dublieren aufgetragen.

Nach dem Dublieren erfolgt das Vulkanisieren.

Bei heiß zu vulkanisierenden Stoffen wird der Stoff auf eine hohle Holzrolle aufgewickelt, wobei er äußerst straff gespannt wird und diese Spannung während des ganzen Umwickelns beibehält. Schließlich wird er 5- bis 6 mal mit einem Jute- oder Leinengewebe unter starkem Zug umwickelt, dann in dem Vulkanisierkessel während ca. 1½ Stunden bei 3½ bis 4 Atm. Druck vulkanisiert. Der Druck soll nur allmählich, ca. in einer Stunde, erreicht werden. Man soll aber möglichst schnell abkühlen lassen. Der Stoff wird nun abgerollt und ist zur Untersuchung fertig.

Erfolgte die Darstellung der Streichmasse ohne Schwefel, so wird der Stoff kalt vulkanisiert. Unter Kaltvulkanisation versteht man die Vulkanisierung mit Chlorschwefeldämpfen bei niederer Temperatur. Zu diesem Behufe wird der Stoff in Stücken von ca. 60 m in Holzkammern, die durch Dampfleitung auf ca. 30 bis 35° erwärmt und 1,50 m breit, 3 bis 4 m lang und 2 bis 2,25 m hoch sind, der Einwirkung von nicht zu konzentrierten Chlorschwefeldämpfen während 1 bis 2 Stunden ausgesetzt. Ist dies geschehen, so wird der Stoff an die Luft gebracht und nachher in großen

Kammern, die aber nicht geheizt werden, der Einwirkung von ziemlich konzentrierten Ammoniakdämpfen ausgesetzt, die dazu dienen sollen, den eventuell frei gebliebenen Chlorschwefel zu neutralisieren. Schließlich wird der Stoff wieder gelüftet und ist ebenfalls zur Untersuchung bereit.

Bei den Stoffen, die nach dem *Waddington*prozeß mit heißer Luft vulkanisiert werden sollen, benutzt man zum Streichen ebenfalls schwefelhaltige Gummimassen. Hierbei passiert der Stoff mit einer gewissen Geschwindigkeit Kammern, in denen eine Temperatur von ca. 140 bis 155° C herrscht. Wenn er genügend lang

Fig. 17.
Shortscher Apparat in zwei Typen.

darin verweilt, so ist ein Teil des in der Kautschukmasse vorhanden gewesenen freien Schwefels in Vulkanisationsschwefel umgewandelt worden.

Bevor die so erzeugten Stoffe in den Handel gebracht werden, werden sie in den Fabriken auf ihre Gasdichtigkeit geprüft. Zur Prüfung der Gasdichtigkeit hat man eine Reihe qualitativer und quantitativer Methoden.

Die *qualitative Messung der Gasverluste* erfolgt gewöhnlich an dem schon prallgefüllten Ballon, indem man mit dem sog. »*Short*schen« Apparat prüft, kann aber auch auf dem Zerplatzprüfapparat erfolgen. Der Shortsche Apparat, dessen beide Typen in Fig. 17 abgebildet sind, ist auf Grund eines alten, schon 1865

von Ansell patentierten Prinzips konstruiert. Denken wir uns
(Fig. 18) das dickwandige Glasrohr *B*, das sich zu einem birnen-
förmigen Gefäß erweitert, bis 0 mit Quecksilber gefüllt und das
Gefäß *C* an seiner Mündung mit einer porösen Tonplatte *D* bedeckt
und bringen wir das System in eine Wasserstoffatmosphäre. Durch
D wird der Austausch der in *C* befindlichen Luft mit der sie um-
gebenden Wasserstoffatmosphäre stattfinden.
Nach dem Diffusionsgesetz, wonach durch feine
Öffnungen, Poren, die Diffusionsgeschwindigkeit
zweier Gase umgekehrt proportional zu ihrer
Dichte ist, wird Wasserstoff 14 mal schneller

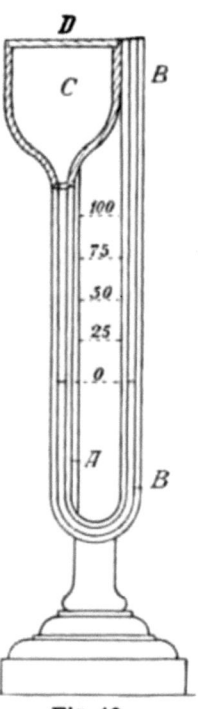

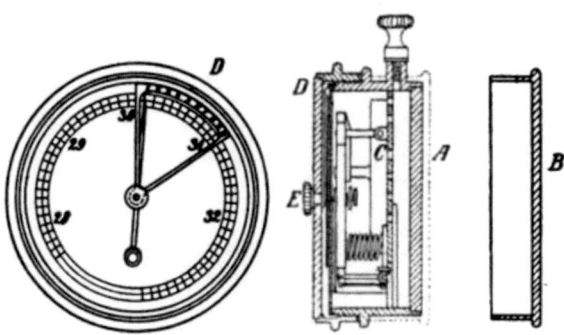

Fig. 19.

nach *C* hineinströmen, als Luft aus *C* entweichen
kann. Es erfolgt also ein Überdruck in *C*, und
das Niveau des Quecksilbers bei 0 steigt. Man
kann dasselbe Prinzip auf einen Aneroidbarometer
übertragen, der, wie aus Fig. 19 ersichtlich, mit
einer dicht schließenden porösen Platte *C* von der
Außenluft abgetrennt ist. Stellt man den Null-

Fig. 18.
Schema des Short-
schen Apparates.

punkt mit dem Nonius genau ein, so kann man, wenn man in eine
Wasserstoffatmosphäre kommt und den Deckel *B* abnimmt, sogar
die Menge des Wasserstoffs durch das Ausschwingen der Nadel
bestimmen. Die Ausführung dieses Apparates ist aus der Fig. 20
ersichtlich.

Wird der Aneroidapparat sehr empfindlich konstruiert und
die poröse Platte gut geschützt, so erhält man den in Fig. 17 ab-
gebildeten Shortschen Apparat. Sowohl der große wie der kleine
Typ können zur Bestimmung der qualitativen Gasverluste von

Ballonstoffen dienen, jedoch werden sie nur bei fertigen, gefüllten Ballons angewendet. Man montiert diese Apparate auf lange Stäbe (Fig. 21 u. 22) und legt sie an die Hülle an. An der Oberfläche der Hülle ist, wenn der Stoff durchlässig ist, eine kleine Strömung von Wasserstoffgas vorhanden, welches bei empfindlich konstruierten Shortschen Apparaten sofort angezeigt wird. Der Apparat funktioniert nur dann verläßlich, wenn

1. in der Luftkammer wirklich Luft vorhanden ist, was durch Öffnen des Hahnes (Fig. 17) und mehrmalige Bewegung des Apparates zu erreichen ist;

Fig. 20.
Ansellscher Diffusionsapparat 1865.

2. wenn der Stoff wenigstens 25 l Wasserstoff pro qm in 24 Stunden verliert. Einen geringeren Verlust zeigt der Apparat schwer an. Man bewahre den Apparat sorgfältig auf, denn es ist schon geschehen, daß durch Vorhandensein von Kohlensäure in der Gaskammer der Apparat auf einem mit Luft gefülltem porösen Ballon Wassestoffverluste anzeigte.

Eine sehr elegante Ausführungsform der Diffusionsbestimmung ist im D. R. P. 243 390 von F. J. Turquaud und W. E. Gray (1912) beschrieben.

In den mit der Herstellung von Ballonstoffen sich befassenden Fabriken werden jedoch die Stoffe quantitativ auf ihre Gasdurchlässigkeit geprüft, da die Fabriken sich in den Schlußbriefen der Lieferungen auf strenge Garantie minimaler Gasdurchlässigkeit verpflichten müssen.

Die hierzu verwendeten Apparate sind sowohl auf chemischen wie auf physikalischen Meßmethoden basiert. Da sie das Hauptspezialwerkzeug des Chemikers in diesem Fache bilden, sei auf ihre Konstruktion etwas eingehender eingegangen.

Man unterscheidet dreierlei Typen dieser Apparate:

1. solche, die den Gasverlust durch Änderung eines Gasvolums angeben, der teilweise durch den Ballonstoff von der Atmosphäre abgeschlossen ist;

2. solche, die die chemische Änderung zweier Gasvolumina, welche durch den Ballonstoff getrennt sind, bestimmen lassen;

Fig. 22.   Fig. 21.

3. solche, die den Austausch von Wasserstoff und Luft durch den Ballonstoff durch physikalisch-optische Methoden bestimmen lassen.

Von diesen Apparaten sind die des Typus 1, Apparate, bei denen man die Gasvolumenänderung, das Entweichen eines gewissen Volumens Wasserstoff durch eine bekannte Ballonstoffoberfläche mißt, die am weitesten verbreiteten.

Die Apparate dieser Gruppe unterscheiden sich voneinander hauptsächlich dadurch, daß die einen größere Sorgfalt auf die

Konstanz der Temperatur des abgemessenen Gasvolumens (Lebaudy-Hutchinsonscher Apparat), andere wieder, daß sie ganz spezielle Sorgfalt auf die Konstanz des Druckes während der Versuchsdauer verwenden (Renardsche Wage, Clement-Sabattierscher Apparat). Zu diesem letzteren Ziel gelangen die verschiedenen Konstrukteure durch verschiedene, oft sehr geistreiche Methoden. Es scheint jede Ballonstoffabrik, jeder Ballonkonstrukteur seinen eigenen Apparat zu haben, was darauf schließen läßt, daß wirklich gute Apparate noch immer nicht existieren. Es gibt auch Apparate, welche sowohl Temperaturkonstanz wie auch Druckkonstanz während des Versuches vernachlässigen. Die mit diesen Apparaten (Josse, Henri) ausgeführten Messungen sind naturgemäß unverläßlich. Einer der ersten solcher Apparate nach Typus I ist der *Lebaudy*sche.

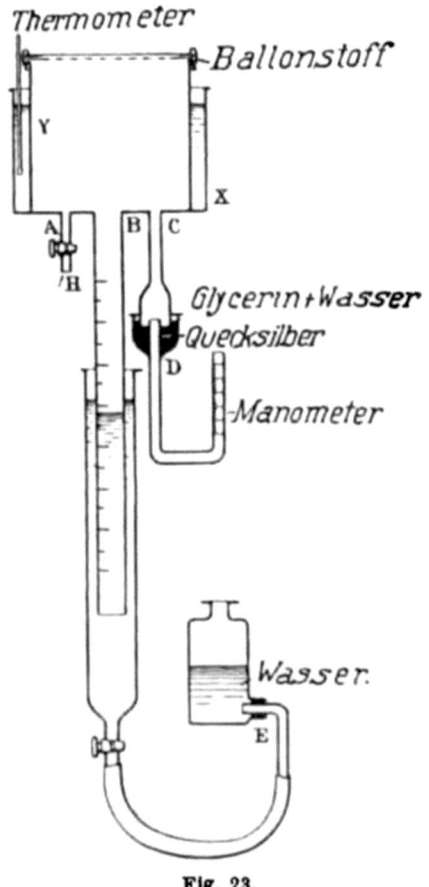

Fig. 23.

Der Lebaudysche Permeabilitätsapparat, von *Julliot* konstruiert (Fig. 23), besteht aus einem metallenen doppelwandigen Gasometer X, in welchem der Rohrstutzen A zum Einleiten des Wasserstoffs, der mit $^1/_{10}$ cm - Einteilung versehene Rohrstutzen B zum Messen des entweichenden Gasvolumens dient. Sowohl dieses Rohr wie auch der Gasometer sind mit einem Wassermantel umgeben. Bei D mündet das Manometerrohr in den Gasometer ein. Das Manometer hat Quecksilberverschluß unter Glyzerin. Zur Messung der Gasdichtigkeit eines Stoffes mit diesem Apparat wird der Stoff mit einem Gemisch von Öl und Ton an den Rändern des Zylinders Y abgedichtet und festgeklemmt, dann bei A

solange H-Gas eingeleitet, bis die Reinheit des bei B austretenden Gases genügend hoch ist. Man schließt nun den Hahn bei A, erreicht den gewünschten Druck von 30 mm durch Hebung der Niveauflasche E und liest den Nullstand im Rohr B ab. Nach 10 Minuten liest man wieder ab, stellt den Druck wieder her und wiederholt dies 3- bis 4 mal. Kennt man die Fläche des bei J aufgespannten Stoffes, so ergibt sich von selbst die Gasdichtigkeit des Stoffes. Die Gasdichtigkeit im allgemeinen wird nach der von Oberst *Renard* in Chalais-Mendon aufgestellten Norm in Renardschen Graden gemessen. Ein Renardscher Grad ist der Gasverlust in Litern, der durch 1 qm Stoff in 24 Stunden erfolgt, wobei der Druck auf 760 mm und die Temperatur auf 0^0 zurückgeführt sind.

Der Lebaudysche Apparat, der auch von der bedeutendsten französischen Firma für Ballonstoffe benutzt wird, leidet an zwei Übelständen, deren einer überhaupt nicht auszumerzen ist: die Abdichtung zwischen Apparat und Stoff ist wie bei allen derartigen Apparaten unvollkommen und der Druck des Apparates ist nicht konstant. Hingegen ist auf die Temperaturkonstanz größere Aufmerksamkeit gerichtet worden, wahrscheinlich, weil in der Praxis die Beobachtung gemacht wurde, daß bei warmem Wetter die Ballons mehr Gas verlieren al bei kälterem, daß also eine Abhängigkeit zwischen Permeabilität und Gastemperatur besteht.

Ein Apparat, der nicht die Nachteile des unkonstanten Drucks besitzt, ist der von *Picard* für das »Conservatoire des Arts et Métiers« (eine Art Institut wie die Physikalische Reichsanstalt) konstruierte Apparat (Fig. 24). Man spannt den zu untersuchenden Stoff auf einen Trichter auf, in welchen bei H Wasserstoff eingeführt wird. Sobald der Apparat voll mit Wasserstoff ist, schließt man den Hahn S und schüttet bei V Paraffinöl hinein, bis ein Flüssigkeitsverschluß vorhanden ist, wobei während dieses Hineinschüttens der Wasserstoffzuführungshahn offen bleibt. Dieser wird nun, nachdem sich der Flüssigkeitsverschluß eingestellt hat, verschlossen, dann bei V soviel Paraffinöl nachgegossen, bis der gewünschte Druck erreicht ist. Der Druck wird durch den Niveauunterschied zwischen V_1 und $N M$ gegeben. Entweicht nun Wasserstoff durch das Gewebe, so tropft Paraffinöl durch M in T hinein; man mißt das entwichene Gasvolumen durch die Abnahmen des Paraffinölvolumens in V. Die Druckkonstanz ist in

diesem Apparat infolge des Mariotte-artigen Kompensierungsgefäßes
eine absolute, jedoch leidet der Apparat auch an dem Nachteil der
Dichtungsunmöglichkeit sowie an der Unkonstanz der Temperatur,
so daß genauere Daten damit nur dann erhalten werden könnten,
wenn der Versuch in einem Thermostat ausgeführt wird.

Ein Apparat, bei dem die Druckkonstanz ebenfalls mit einem
Mariotteschen Gefäß erhalten wird und bei dem die Dichtung

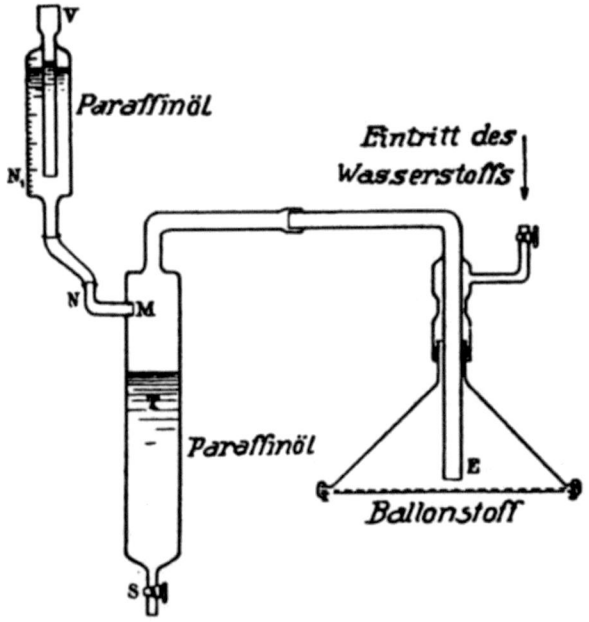

Fig. 24.
Apparat von Picard zum Messen der Gasverluste.

zwischen Stoff und Apparat mit einem hydraulischen Verschluß
versucht wird, ist der *Sabattier*sche Apparat, der von der Automobil-
firma Clément-Bayard, die auch Lenkschiffe baut, konstruiert
wurde. In diesem Apparat (Fig. 25) ist dasselbe Prinzip wie vorhin vertreten. Die Dichtung des Stoffes erfolgt bei I durch einen
hydraulischen Verschluß, dessen Druck bei N durch das Niveau-
rohr geändert werden kann. Das graduierte Rohr T mündet in
den Gasbehälter K; dieses Rohr gestattet das Ablesen des Druckes
und vermittelt die Verbindung zwischen dem Meßrohr A und dem
Gasbehälter. Das Meßrohr A ist bei C mit dem Mariotteschen

Gefäß *M* verbunden. Der Wasserstoff wird bei *X* in das Rohr *T*
und somit in den Gasbehälter eingeführt. Bei einer Messung verfährt man wie folgt: Man spannt bei *I.* den Stoff auf und leitet
bei *H* Wasserstoff ein, indem man den Hahn *G* öffnet. Während
dieser Zeit ist das Mariottesche Gefäß *M* durch die Klammer *E*
von der übrigen Apparatur abgetrennt. Man läßt einige Zeit den

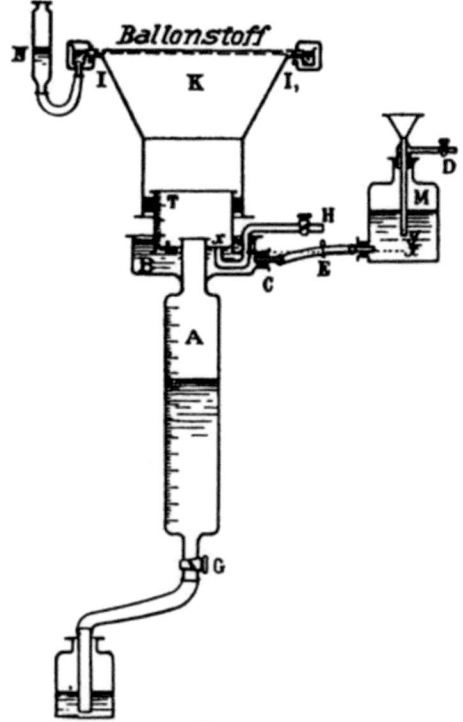

Fig. 25.
Permeabilitätsapparat ven Clément-Bayard-Sabattier.

Wasserstoff bei *G* austreten, dann schließt man *H* und öffnet *E*
und *D*. Das Wasser aus dem Mariotteschen Gefäß dringt nun in
den Apparat, bis der Druck zwischen *A* und *K* gleich dem Druck
der Wassersäule *X Y* wird. Man schließt in diesem Moment den
Hahn *H*. In demselben Maße, wie Gas durch den Stoff entweicht,
wird Wasser von *M* zufließen und in das Meßrohr *A* strömen.

Nach einigen Stunden kann man die in *A* zugeflossene Wasser-
menge ablesen und, da man die Fläche des Stoffes kennt, den
Gasverlust ausdrücken.

Verschiedene Versuche, den Druck- und Temperatureinfluß durch Einschaltung eines *Lunge-Petersen*schen Reduktionsrohres auszuschalten, schlugen fehl[1]).

Sehr schön hingegen hat sich das Prinzip der Wage statt des Mariotteschen Gefäßes zum Konstanthalten des Druckes während der Versuchsdauer bewährt. Dieses Prinzip bildet die Grundlage des *Renard*schen Apparates zur Messung der Gasverluste, so genannt nach seinem Konstrukteur, den schon genannten französischen

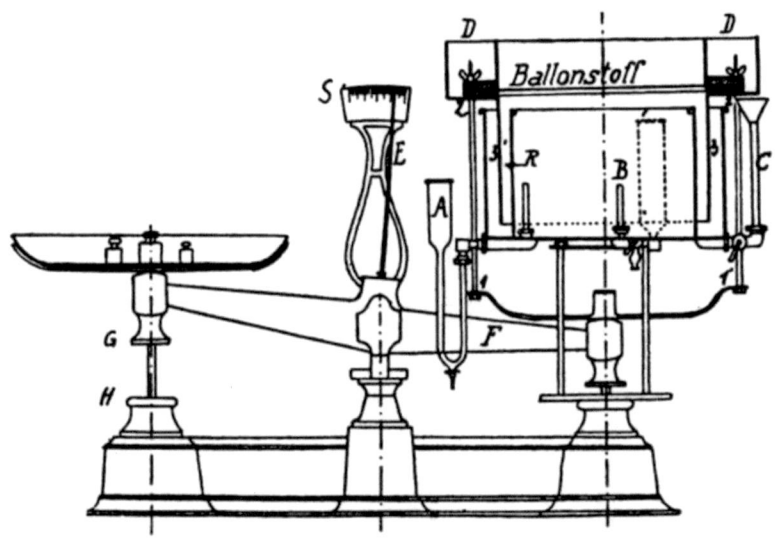

Fig. 26.
Die Renardsche Gaswage.

Obersten Renard (bekannt durch den Bau des Lenkluftschiffes *La France* und durch die Verdienste, die er sich um die wissenschaftliche Ausgestaltung der Aeronautik im allgemeinen erworben hat). Die Renardsche Gaswage (Fig. 26) besteht aus einer gewöhnlichen Wage, an deren rechtem Balken ein Gasometer sich befindet. Der Deckel des Gasometers besteht aus dem Stoffe, dessen Permeabilität man bestimmen will. Im Gasometer münden 3 Rohre: A, das den Druck anzeigt, B, das als hydraulischer Verschluß und zum Einleiten des Gases sowie zum Probenehmen von Gasen zur Analyse dient, und C, das das Wasserniveau in dem Doppel-

---

[1]) Vgl. Bulletin de l'Inst. Aerot. de St. Cyr. Bd. II, 1912, S. 80.

mantel anzeigt. Bei 2 wird mit Flügelschrauben der Stoff festgespannt. R ist mit dem Unterbau der Wage solidarisch und bildet
zugleich den Wassermantel, während der Balken F mittels der
Streben $1-2$, $1'-2'$ das ganze System des Zylinders $DD33'$
trägt, das in das Doppelwandgefäß R taucht. Ist die Wage nicht
im Gebrauch, so taucht der Zylinder $DD33'$ tief in das Doppelwandgefäß R. Man spannt nun in diesem Zustande den Stoff
bei $2-2'$ auf und läßt bei B Wasserstoff eintreten, nachdem der
ringförmige Hohlraum des Doppelwandgefäßes R mit Wasser gefüllt wird.

Bald steigt der Zylinder $DD33$ empor, und der linke Balken
fällt; ist G bei H angelangt, kann der Zylinder nicht mehr steigen,
und das Gas tritt durch den Wasserverschluß des Rohres A aus.
Man drückt nun $DD33'$ nieder, um das Luft-Wasserstoffgemisch
zu verjagen, und wiederholt dies 11 mal, wodurch man 99 proz.
Wasserstoff im Gasometer hat. Man schließt nun den Hahn bei B
ab, schüttet Wasser in A und stellt durch Auflegen entsprechender
Gewichte den Druck auf die Höhe ein, auf welcher man ihn wünscht.
Entweicht Gas durch den Stoff, so sinkt der Gasometer. Ist der
Balken F (zwischen den zwei strichpunktierten Linien) genau so
lang wie der Zeiger E, so wird der Senkung von einem Millimeter
des Balkens F, also des Gasometers, dieselbe Länge Weges beim
Zeigerende E entsprechen. Teilt man nun die Skala S in Milli-
meter ein, so kann man daran das Senken des Gasometers im
Originalmaß ablesen. Kennt man also die Oberfläche des Stoffes,
so erhält man durch die Indikation des Zeigers das entwichene
Volumen Gas. Durch geeignete Auswahl der Oberfläche wird der
Zeiger E direkt den Verlust in Litern pro Quadratmeter anzeigen.
Dieser hervorragend praktische, aber nicht allzu genaue Apparat
wird von der Astragesellschaft mit einigen Änderungen von *Surcouf*
gebaut und ist unter dem Namen Renard-Surcoufsche Wage ziemlich verbreitet.

Die Druckkonstanz wird in sehr eleganter Weise erreicht,
ein hydraulischer Verschluß ist sehr leicht anzubringen, und auch
die Temperaturkonstanz läßt sich in einem Thermostaten leicht
erreichen. Was diesen Apparat gegenüber den bisherigen aus-
zeichnet, ist der Mangel an Glasteilen und eine äußerst robuste
Ausführungsart. Infolgedessen ist die Handlichkeit sehr groß.
Die meisten vom Verfasser oder unter seiner Leitung ausgeführten

Bestimmungen wurden (es sind deren mehrere Tausend) mit diesen Apparaten ausgeführt.

Es wurde seither von *V. Henri* eine Apparatenkonstruktion aus Glas als Ersatz der Renardschen Wage vorgeschlagen. Der Henrische Apparat (Fig. 27) besteht aus zwei übereinander ge-

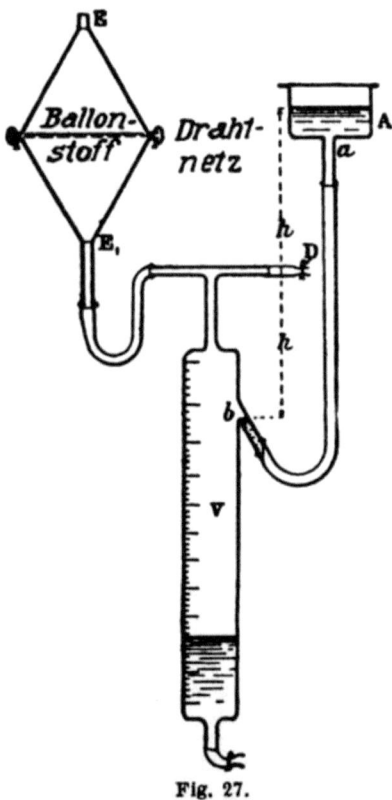

stülpten Konussen, zwischen denen der Stoff ohne hydraulischen Verschluß festgeklemmt werden soll, $E\,E_1$. Diese werden mittels des Rohres D mit einer Vakuumpumpe sowie auch mit dem Meßrohr V und dem Niveaugefäß A in Verbindung gebracht. Der Stoff wird mittels Drahtnetzen vor Auswölbung gewahrt. Man evakuiert E' durch D, läßt dann Wasserstoff durch dasselbe Rohr eintreten und stellt den Druck mittels des Niveaugefäßes A ein. Bei b soll der entweichende Wasserstoff durch Wasser aus A ersetzt werden. Im Rohr V soll der Gasverlust durch den Wasserzuwachs gemessen werden. Abgesehen von der vergrößerten Schwierigkeit einer guten Abdichtung beim Vorhandensein eines Drahtnetzes und der Ungenauigkeit im Messen, da E mittels Gummischlauches mit V verbunden werden soll, wobei dieser Gummischlauch ja auch gasdurch-

Fig. 27.
Apparat von V. Henri zum Messen der Gasverluste.

lässig ist, besitzt dieser Apparat keine Vorrichtung zum Einhalten der Druckkonstanz oder wenigstens der Temperaturkonstanz während des Versuches. Die damit ausgeführten Versuche sind also mit Vorsicht aufzunehmen. Es kommt Henri auch nach seinen Messungen zu dem Resultat, daß der Gasverlust von Ballonstoffen von einer gewissen niederen Temperatur an $(+ 15^0)$ größer ist als bei höheren Temperaturen, wobei in der Praxis sowie nach verschiedenen Versuchen in der National Physical Laboratory das Gegenteil konstatiert wurde.

Diesem Apparat ganz ähnlich gebaut ist der Apparat von *Josse*[1]).

Von den Apparaten des Typus 2, bei denen die chemische Analyse die Gasverluste durch den Ballonstoff ermittelt, ist derjenige der *National Physical Laboratory* in *Teddington* der vollkommenste. Dieser Apparat, dessen Prinzip viel später auch in dem Apparat von *Heyn* der Physikalischen Reichsanstalt in Charlottenburg adoptiert wurde, ist im Jahre 1908 von *Rosenhain* vorgeschlagen

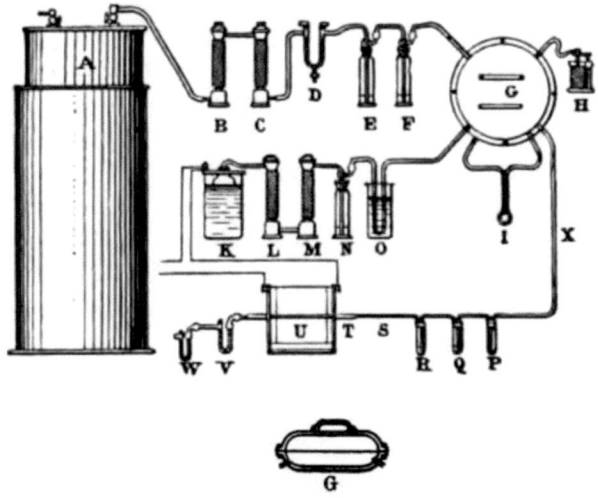

Fig. 28.
Apparatur von Rosenhain zur chemisch-analytischen Bestimmung
der Gasverluste.

worden. Der Apparat (Fig. 28) besteht im Prinzip aus 2 Trommeln *G*, zwischen welchen der zu untersuchende Stoff fest eingeklemmt wird. Der Wasserstoff wird entweder elektrolytisch im Apparat *K* erzeugt oder aus einer Bombe entnommen. Bevor der Wasserstoff in die Trommel *G* eintritt, wird er über Natronkalk in den Flaschen *L* und *M* gereinigt, in *N* über H_2SO_4 getrocknet und in *O* gekühlt, da der elektrolytisch erzeugte H etwas warm ist. Er tritt dann bei *H* aus; der Wasserstoffdruck wird durch das mehr oder minder tiefe Eintauchen des Entweichungsrohres in das mit Wasser gefüllte Gefäß *H* geregelt.

---

[1]) Vgl. Les Tissus imperméables von Prat. Paris-Lüttich, 1913, Beranger.

Der Gasometer A enthält Luft, welche ebenfalls in die Trommel G geleitet wird, jedoch oberhalb des Stoffes, während der Wasserstoff unterhalb des Stoffes eingeleitet wurde. Die Luft wird ebenfalls bei B und C über Natronkalk und Chlorkalzium bei $D\,E$ und F über H_2SO_4 getrocknet und entweicht durch das Rohr X aus der Trommel. In beiden Trommelhälften ist also eine konstante Gasströmung, und die Druckdifferenz, die regelbar ist, läßt sich durch das Röhrchen I ablesen. Die bei X austretende Luft, welche den in ihr hineindiffundierten Wasserstoff enthält, wird nun nochmals bei P, Q und R getrocknet, dann bei S über Kupferoxyd geführt und bei U im elektrischen Ofen mit Kupferoxyd verbrannt; da die Luft früher absolut trocken war, so wird das entstandene Wasser aus dem in der Luft vorhanden gewesenen Wasserstoff, der durch den Stoff hineindiffundierte, stammen und kann in den Wägegefäßen V und W aufgenommen und bestimmt werden. Nach Rosenhain wäre in beiden Trommelhälften ein leichter Überdruck zu nehmen, wodurch die von der Abdichtung entstandenen Fehler entfallen würden. Der Druckunterschied wäre in J abzulesen und durch Regelung in H zu erreichen. Dies ist aber nur für gute Stoffe richtig. Ist nämlich der Stoff sehr porös und die Abdichtung in G sehr schlecht, so entweicht ein merklicher Teil durch den Stoff diffundierten Wasserstoffs durch die schlechte Dichtung der Lufttrommel zusammen mit der Luft, und es kommt nur eine geringere Menge zum Verbrennen und zur Abwägung.

Diesem Fehler könnte man aber dadurch begegnen, daß man im oberen Teil der Trommel, wo die Luft durchstreicht, ständig etwas Unterdruck hat und dann die so eingesogene Luft noch vor $P\,Q$ und R durch Chlorkalzium und Natronkalk trocknet. Im vom Wasserstoff durchstrichenen Trommelteile soll aber etwas regelbarer Überdruck bleiben. In diesem Falle ist jeder aus der Dichtung stammende Versuchsfehler unmöglich.

Diese Methode gibt absolut sichere Resultate, hauptsächlich wenn man die Trommel in einem Thermostaten hält. Bei Entscheidungsbestimmungen sollte immer diese Methode angewendet werden, da sie direkt die entwichene Wasserstoffmenge mißt, während die anderen Methoden Volumenänderungen messen, wobei außer acht gelassen wird, daß durch einen Stoff nicht nur Wasserstoff austreten, aber auch Luft eintreten kann, die einen Teil des entwichenen Wasserstoffs bei Volumänderungsmethoden kompensiert.

Dem Typus 3 würde ein Apparat angehören, der mit optischen Methoden die diffundierte Wasserstoffmenge bestimmt. Wenn man im Rosenhainschen Apparat die wasserstoffhaltige Luft nicht verbrennen läßt, sondern in einem Gasometer sammelt und dann mit einem *Rayleigh*schen oder *Haber*schen Interferometer (von Zeiß gebaut) den Wasserstoffgehalt der so durchströmten Luft bestimmt, so erübrigt sich die chemische Analyse. Dieses Verfahren hat den Vorteil, durch Einschalten der chemischen Analyse von Zeit zu Zeit die Methode kontrollieren zu können sowie auch durch ähnliche optische Analyse den Wasserstoff auf den durchdiffundierten Luftgehalt untersuchen zu können. Die Genauigkeit einer solchen Bestimmung dürfte etwa so groß sein wie die der chemischen Analyse. Eine solche Apparatur wird im *Institut Aerotechnique* von St. Cyr verwendet.

IV. Kapitel.

Der Gasverlust durch Gummistoffe. Adsorptionstheorie. Verschiedenheit der Permeabilität nach den verschiedenen Vulkanisationsmethoden. Gasaustritt, Lufteintritt. Einfluß des Harzgehaltes auf die Koerzitivkraft.

Die Gasverluste der Gummistoffe sind auf verschiedene Ursachen zurückzuführen. Die erste Ursache ist die Ureigenschaft des Kautschuks, gasdurchlässig zu sein. Die zweite Ursache kann die Zerstörung des Kautschuks sein; dieser Gasverlust heißt dann Gasverlust durch Porosität. Da dieser auch bei anderen Impermeabilisierungsmitteln vorkommt, so wollen wir ihn hier etwas näher betrachten. Bis zum Jahre 1911 nämlich wurden alle Gasverluste durch Kautschuk der »Porosität« der Kautschukhülle zugeschrieben, man sprach und spricht etwas fälschlicher Weise allgemein von »Gasverlusten durch Diffusion«.

Unter Diffusion versteht man

1. das Ineinanderströmen von zwei räumlich kaum getrennten Gasen;
2. das Ineinanderströmen von Gasen, die durch eine poröse Scheidewand getrennt sind.

Lange Zeit also glaubte man, daß das Entweichen von Wasserstoff aus Ballons allein auf das Entweichen des Wasserstoffs durch die »Poren« der Ballonhülle erfolgt. Dies ist aber nur in den selteneren Umständen der Fall, und zwar 1. wenn die Streichung mit Gummilösung unvollständig oder nicht sorgfältig genug ausgeführt wurde, so daß wirklich Poren blieben; 2. wenn die Kautschukschicht teilweise verharzt, also hart und unelastisch war und an Biege- oder Faltestellen haarfeine Risse aufwies; 3. wenn im allgemeinen durch schlechte Darstellung oder schlechte Rohmaterialien der Stoff nach einiger Zeit porös wurde. Man schaltete deswegen verschiedene Kautschuksorten, welche stark zum Verharzen neigten, aus der Fabrikation aus, man machte sorgfältige Versuche über die zur Impermeabilität nötigen Mengen Kautschuk und kontrollierte all diese Versuche mit den im vorigen Kapitel beschriebenen Meßapparaten. Diese Versuchs-Vorschriften wurden dann von den verschiedenen Behörden, die Ballonstoffe zu prüfen hatten, übernommen, und heute noch werden Stoffe nach diesen Übernahmeversuchen gekauft. Aber die wirkliche »Porosität« des Kautschuks der Ballonstoffe ist nicht immer allein auf Verharzung und Brüchigwerden der Gummischicht oder auf eine unvollkommene Gummischicht (z. B. wegen Webefehlern im Textilgut) zurückzuführen. Leicht porös wird auch Kautschuk, wenn er Faktis (geschwefeltes Leinöl) enthält; auch wenn sie Charge irgendwelcher Art enthält, wird die Gummischicht leicht porös, denn die Charge selbst ist eine Gelegenheit zur Bildung feinster Kanälchen, speziell wenn sie mit dem Vulkanisationsschwefel reagieren kann (PbO, ZnO, Magnesia), denn in diesem Falle erfolgt immer die Reaktion zwischen Charge und Schwefel unter Molekularkontraktion, und der früher vom Schwefel innegehabte Raum wird (da sich während der Vulkanisation der Kautschuk nicht verflüssigt) leer bleiben resp. ein Hohlraum hinterlassen. Ebenso kann eine hohe Menge nicht kombinierten Vulkanisationsschwefels zur Bildung von Poren resp. feinen Kanälchen in der Kautschukschicht führen. Wie bekannt, ist der Vulkanisationsschwefel im Kautschuk in drei Formen vorhanden: verbunden mit Kautschuk (Polyprensulfid[?]), adsorbiert in Kautschuk und frei. Freier Schwefel aber, hauptsächlich wenn er fein verteilt ist, wandelt sich an der Luft äußerst leicht in schweflige Säure um (deswegen wird auch Schwefel in der Landwirtschaft zur Bekämpfung von mikrobenartigen Schädlingen verwendet, z. B. Oidium). Nun aber wissen wir, daß schweflige Säure 1. vom Kautschuk aufgelöst wird[1]); 2. daß sie wie Säuren im allgemeinen auf den Kautschuk verharzend wirkt.

Es werden also solche Ballonstoffe, die viel nichtkombinierten Schwefel enthalten, stark zur Porosität neigen. Im allgemeinen

---

[1]) Vgl. Ditmar, Der Kautschuk, Springer 1913, S. 61.

ist ein Ballonstoff um so poröser, je mehr freien unkombinierten Schwefel er enthält, jedoch wird diese Eigenschaft nur nach einiger Zeit sichtbar.

Die wirkliche Porosität, d. h. ein Benehmen wie eine unglasierte Tonplatte, ist aber, wie schon erwähnt, nicht der einzige Grund der Gasverluste durch Kautschukschichten. Wenn wir all die obenerwähnten Porositätsgründe ausschließen und einen sorgfältigst bereiteten Ballonstoff nehmen, welcher überhaupt nicht porös ist oder nur in ganz geringen Mengen Porosität aufweist, so wird er doch Gas durchlassen. Erfolgt der Verlust durch Porosität, d. h. wie durch eine poröse Tonplatte, so müßte eine Diffusion vorhanden sein, d. h. die Strömungsgeschwindigkeiten der verschiedenen Gase, die sich an beiden Seiten der Trennungsschicht befinden, wären umgekehrt proportional den Quadratwurzeln ihrer Dichten.

Wäre also die Geschwindigkeit der Wasserstoffausströmung gleich 1, so ist

Geschwindigkeit der Stickstoffeinströmung

$$V_N = \frac{\text{Konzentr. des } N \text{ oder dessen Partialdruck}}{\sqrt{\text{Dichte des Stickstoffs auf Wasserstoff bezogen,}}}$$

Geschwindigkeit der Sauerstoffeinströmung

$$V_O = \frac{\text{Konzentr. des } O \text{ oder dessen Partialdruck}}{\sqrt{\text{Dichte des Sauerstoffs auf Wasserstoff bezogen,}}}$$

das heißt:

Für $\qquad V_H = 1,$

$$V_N = \frac{0,79}{\sqrt{14}} = 0,211,$$

$$V_O = \frac{0,21}{\sqrt{16}} = 0,052.$$

Während also 1 l Wasserstoff ausströmt, sollten ungefähr $0,211 + 0,052$ l Luft einströmen, und zwar nicht eine Luft, die die Zusammensetzung der Außenluft hat, sondern eine Luft, deren Zusammensetzung für Sauerstoff in Prozenten $\frac{0,052 \times 100}{0,263}$ $= 22,2\%$ statt der 21% der Normalluft beträgt und die statt 79% Stickstoff der Normalluft nur $77,8\%$ Stickstoff enthält.

Nun aber ist dies bei kautschutierten Stoffen nie der Fall. Analysieren wir das Verhältnis des Sauerstoffs zum Stickstoff in einem Ballon oder bei Permeabilitätsversuchen im Gasometer der Renardschen Wage, so erhalten wir für Sauerstoff stets höhere Verhältniszahlen.

So z. B. hatte ein 5000 cbm großer Lenkballon bei seiner Füllung im Juli 1910 ein Gas folgender Zusammensetzung:

94,1 % Wasserstoff,
1,31% Sauerstoff,
4,62% Stickstoff.

Dieses Gas war also ein ziemlich reiner Wasserstoff (Hubkraft ca. 1125 g/cbm), der mit 5,9% gewöhnlicher Luft verunreinigt war.

Mitte August war die Zusammensetzung des Füllgases wie folgt:

78,3% Wasserstoff,
7,9% Sauerstoff,
13,8% Stickstoff.

Der wasserstofffreie Gasrest betrug nunmehr 21,7%, die prozentual folgende Zusammensetzung hatten:

36,4% Sauerstoff,
63,6% Stickstoff.

Also ist die zuströmende Luft nicht durch Diffusion durch poröse Scheidewand hinzugekommen, denn dann wäre ihre Zusammensetzung nicht von 22,2%O und 77,8% N abgewichen. Um dieses Phänomen noch schärfer zu kontrollieren, wurden fünf verschiedene kaltvulkanisierte Ballonstoffmuster während einigen Tagen auf der Renardschen Wage untersucht[1] resp. ihre Permeabilität bestimmt und nach Abschluß dieses Versuches das Gas analysiert. Das genaue Volumen des Gasometers der Wage war bekannt. Die Zusammensetzung des wasserstofffreien Gasrestes ergab:

	O	N
Versuch I	45,2	54,8
» II	45,9	54,1
» III	43,9	56,1
» IV	46,4	53,6
» V	49,5	50,5
Mittel . .	45,72	53,88

[1] In Gemeinschaft mit Herrn F. Hauser.

Wir sehen also, daß auch hier das Verhältnis des Sauerstoffs zum Stickstoff zugunsten des Sauerstoffs verschoben ist, daß also die Einströmungsgeschwindigkeit des Stickstoffs unbedingt geringer, die Einströmungsgeschwindigkeit des Sauerstoffs unbedingt größer sein muß, als es der Fall wäre, wenn die Gasverluste durch Diffusion durch poröse Scheidewände hervorgerufen worden wären. Aber auch das Verhältnis der Ausströmung des Wasserstoffs zur einströmenden Luft ist nicht dasjenige, das wir nach dem Diffusionsgesetz durch poröse Scheidewände erwarten sollten.

Wenn wir nämlich die Permeabilität des Stoffes diesen porösen Scheidewänden zuzuschreiben hätten, so wäre das Verhältnis des ausströmenden Gases zur einströmenden Luft wie 1 zu 0,263, d. h. wenn 1 l Wasserstoff ausströmt, so strömen während derselben Zeit 0,263 l Spezialluft, d. h. Luft, die eine andere Zusammensetzung hat als die Normalluft, ein. Wenn also z. B. die Renardsche Wage einen Gasverlust von 1 l pro qm anzeigt, so ist der effektive Wasserstoffverlust 1,263 l Wasserstoff (der aber durch Einströmen von 0,263 l Spezialluft auf 1 l herunterkompensiert wird). Der abgelesene Verlust ist also nur $\frac{1}{1,263} = 79,17\%$ des effektiven Gasverlustes.

Wenn wir aber die obigen fünf Versuche diesbezüglich untersuchen, so finden wir, daß durchschnittlich mehr Wasserstoff entwichen und weniger Luft eingedrungen ist, als es nach obigem Gesetz der Diffusion durch poröse Scheidewände hätte geschehen sollen. Wenn wir das Volumen der Wage kennen und die Analyse des Gases vor und nach dem Versuch gemacht haben und auch die Verluste, die ziemlich klein waren, genau abgemessen haben, so erhellt aus den Versuchen, daß der abgelesene Verlust einen größeren Anteil des Effektivverlustes betrug, und zwar:

bei Versuch I = 82,8%,
» » II = 82,2 »
» » III = 80,7 »
» » IV = 84,9 »
» » V = 85,1 »
im Mittel = 83,1%,

statt der für poröse Scheidewände theoretischen 79,17%.

Das Phänomen des Gasverlustes durch gute Gummistoffe ist also kein Diffusionsphänomen durch poröse Scheidewände.

Welche die Grundlagen dieses Gasverlustes sind, wurde schon zum Teil von *Graham*[1]) im Jahre 1866 festgestellt. Schon *Payen* 1859 beobachtete, daß Kautschuk für Gase durchdringlich ist. Graham stellte fest, daß wenn man einen luftleeren Raum von einem mit Wasserstoff gefüllten Raum durch eine Kautschukplatte trennt, d. h. wenn die Kautschukplatte auf der Innenseite einen Wasserstoffpartialdruck $= 0$, auf der anderen Seite einen Wasserstoffpartialdruck $= 1$ besitzt, die Platte zuerst Wasserstoff aufnehmen wird, dann auf derjenigen Seite, wo kein Wasserstoff vorhanden war, wieder abgeben wird. Dies konstatierte er auch, als er an Stelle des luftleeren Raumes an dieser Seite des Kautschukmembrans ein anderes Gas anwandte.

Er konstatierte also, daß Wasserstoff durch Kautschuk hindurchgeht und daß auch andere Gase dies tun, und nannte diesen Vorgang eine »*kolloide Diffusion*«. Er beobachtete, daß die Geschwindigkeit des Durchganges verschiedener Gase, wenn man die Durchgangsgeschwindigkeit des Stickstoffs $= 1$ setzt, die folgende ist:

$$N = 1,$$
$$O = 2,55$$
$$H = 5,5$$
$$CO_2 = 13,58.$$

Seine Befunde wurden von *Aronson* und *Sirks*[2]) bestätigt, auch in den letzten Jahren von *Grunmach*. Der erste, der effektiv nachwies, daß sich ein Gas (SO_2) im Kautschuk löst, war *Reychler* im Jahre 1893[3]).

Ziehen wir die Graham-Reychlersche Auffassung der Lösung von Gasen in Kautschuk zur Erklärung der Unterschiede zwischen den obigen (S. 57) gefundenen Resultaten und den theoretischen Zahlen, die nach der Diffusionstheorie durch poröse Scheidewände hätten erreicht werden sollen, herbei und nehmen an, daß sowohl Wasserstoff einerseits wie auch Sauerstoff anderseits sich in der Kautschukmembrane des Ballonstoffes löst und, wenn die

---

[1]) Poggendorfs Ann. 129, S. 548.
[2]) Zeitschr. f. Chemie 1866, S. 280.
[3]) Vgl. Ges. f. Medizin und Naturwissenschaft, Brüssel, Nr. 28. 15. Juli 1893.

Lösung erfolgte, auf der entgegengesetzten Seite, dort, wo der betreffende Partialdruck 0 ist, weggeht, so kommt man zu folgendem Resultat: Wasserstoff benimmt sich so, wie z. B. Ammoniak sich benimmt, wenn man es in konzentrierter Form am Boden eines hohen Becherglases ausschüttet und das Becherglas mit einem, mit Wasser befeuchteten Tuche bedeckt, wobei natürlich nach einiger Zeit das Wasser im Tuche Ammoniak adsorbiert, bald selbst eine Ammoniaktension besitzt und schließlich Ammoniak an der Oberfläche verdampfen läßt.

Wenn die Grahamschen Zahlen der Durchgangsgeschwindigkeit richtig sind, so muß während der Zeit, während welcher 5,5 l Wasserstoff durch eine Flächeneinheit Stoffes entweichen, 1 l Stickstoff entweichen, wenn reiner Stickstoff vorhanden wäre; da aber der Partialdruck des Stickstoffs in der Luft 0,79 ist, so müssen für jede 5,5 l entwichenen Wasserstoff 0,79 l Stickstoff und zu gleicher Zeit auch $2,55 \cdot 0,21 = 0,54$ l Sauerstoff hereinströmen, da das Verhältnis der Strömungsgeschwindigkeit zwischen Wasserstoff und Sauerstoff nach Graham 5,5 : 2,55 ist und der Partialdruck des Sauerstoffs in der Luft 0,21 beträgt. Es werden also für 5,5 l herausgeströmten Wasserstoff $0,54 + 0,79 = 1,33$ l dieser Spezialluft einströmen, d. h. für jeden Liter ausgeströmten Wasserstoff 0,241 l Spezialluft einströmen.

Die Zusammensetzung dieser Lösungsspezialluft ist:

$$0,54 : 1,33 = X : 100$$

$$X = \frac{54}{1,33} = 40,6\% \text{ Sauerstoff}$$

und der Rest: 59,4%, Stickstoff.

Wir fanden bei kaltvulkanisierten Stoffen, daß das Verhältnis von Sauerstoff zu Stickstoff in der eingeströmten Luft ca. 45% O zu 55% N betrug, also höher ist, als die Diffusion durch poröse Scheidewände es ergibt und nahe zu dem Grahamschen Werte steht. Da nun die Berechnung nach der Grahamschen Lösungstheorie ebenfalls höhere Werte als die Theorie durch poröse Scheidewände ergibt, so muß der Vorgang der Gasdurchströmung durch ein Kautschukmembran unbedingt ein Lösungsvorgang sein. Das geringe Abweichen von der Theorie, d. h. die um 10% höheren Zahlen ergaben sich, weil die Löslichkeiten der Gase in verschiedenen Kautschuksorten verschieden sind (vgl. Kap. VI) und die von Graham festgestellten Zahlen für den bei den obigen Versuchen verwendeten Kautschuk nicht ihre absolute Gültigkeit haben. Bei den Zahlen des zuletzt erwähnten 5000 cbm Ballons kommt man ja, da dieser aus einer anderen Kautschuksorte (dampfvulkanisierter Stoff) konstruiert war, den Grahamschen Zahlen nach unten näher.

Auch das Verhältnis des scheinbaren Gasverlustes zum effektiven Gasverlust scheint der Auffassung der Gasverluste durch Auflösen der Gase nach Graham-Reychler recht zu geben.

Wäre der Verlust durch poröse Scheidewände erfolgt, so wäre, wie vorhin gesagt, das Verhältnis des sichtbaren zum effektiven Gasverlust 79,17%; nach der Graham-Reychlerschen Auffassung ist es ca. 81%, gefunden wurden 83%. Die Tendenz des Unterschiedes weist wieder darauf, daß die Lösungsauffassung der Wahrheit nahe steht und der Unterschied wohl von Löslichkeitsunterschieden der Gase in der Grahamschen und der untersuchten Membrane abhängen wird.

Daß wir es bei den normalen Gasverlusten durch Ballonhüllen wirklich mit Lösungsvorgängen zu tun haben, zeigt auch der Einfluß der Temperatur auf diese Vorgänge. Mit steigender Temperatur steigt nämlich auch der Gasverlust sehr rasch.

Der Mechanismus des Lösungsvorganges der Gase in der Kautschukmembrane der Ballonstoffe wurde unlängst definitiv aufgeklärt[1]). Es wurde nämlich die ganz auffallende und unerwartete Beobachtung gemacht, daß Ballonhüllen, welche aus solchen gummierten Stoffen konstruiert wurden, die bei der Übernahme tadellos gasdicht waren, doch nur sehr kurze Zeit wirklich gasdicht blieben. Während z. B. eine Ballonhülle in den ersten 2 bis 3 Wochen der Füllungsperiode nicht mehr als 10 bis 12 l Wasserstoff pro qm in 24 Stunden verlor, so stieg dieser Verlust mit dem Fortschreiten der Füllungsdauer ziemlich rasch und war z. B. schon in der 5. Woche auf 30, in der 9. Woche ja sogar auf 100 l pro qm und 24 Stunden gestiegen (wie dies durch die Nachfüllung und durch Einströmen der Luft bestimmt werden konnte, vgl. Kap. VIII, Fig. 52). Gewöhnlich wurde eine solche Hülle als verloren betrachtet und entleert. Wurde aber eine solche Hülle nochmals gefüllt, nachdem sie eine. Zeitlang beiseite gestellt worden war,

---

[1]) Vgl. C. R. Acad. des Sc. 154, S. 196, J. 1912.

so schien die ursprüngliche Gasdichtigkeit wieder vorhanden zu sein. Ein Tourenlenkluftschiff von ca. 5000 cbm, das nach einer Füllungsdauer von 4½ Wochen im Sommer im Jahre 1910 bis 350 cbm Wasserstoff zur Nachfüllung täglich verbrauchte, selbst ohne Ausfahrten zu machen, verbrauchte in der ersten Füllungswoche des Jahres 1911 nur ca. 85 cbm pro Tag, später, in der 3. Füllungswoche, ca. 150 cbm und Ende der 4. Füllungswoche wieder 350 cbm.

Diese sonderbaren Umstände führten dann zu einer sorgfältigen Untersuchung des Phänomens.

Ein aus dampfvulkanisiertem Stoff mit einer Kautschukmembran von 4% Totalschwefel und 1,25% kombiniertem Schwefel sorgfältig konstruiertes Tourenlenkluftschiff (Torresballon der Astra-Gesellschaft),[1]) welches, nachdem es ca. 2 Monate lang gefüllt war und stark Gas zu verlieren anfing, wurde mit dem Shortschen Apparat (vgl. Kap. III) auf Wasserstoffverlust abgesucht. Es wurde im allgemeinen konstatiert, daß die mechanisch am meisten in Anspruch genommenen Teile am meisten Gas verlieren; dann wurden von verschiedenen, am meisten verlierenden Stoffstücken nach dem Abblasen des Ballons mehrere Proben entnommen und ihr Gasverlust auf der Renard-Surcoufschen Wage geprüft.

Es ergab sich, daß der Gasverlust dieser Stoffproben den nächsten Tag nach dem Abblasen ziemlich hoch war, daß aber dieser Gasverlust, wenn er nach einigen Tagen gemessen wurde, doch bedeutend kleiner wurde und daß er im allgemeinen abnahm. Die folgende Tabelle gibt hierüber eine gute Auskunft.

Verlust in Renardschen Einheiten.

(Liter pro qm/24 Std.)

	Muster I	II	III	IV	V
Sofort nach dem Abblasen . .	56,5	27	18,6	3,8	38,9
6 Tage nachher	42,9	16	15,5	30,6	24,5
20 Tage nachher	30,6	13,2	11,5	22,7	14,1

Bei der chemischen Analyse zeigte es sich, daß Muster I und IV leicht verharzt waren, daß ihr verbleibender Gasverlust zum Teil

---

[1]) Vgl. C. R. Ac. d. Sc. a. a. O. S. 61.

auf Kosten der eingetretenen teilweisen Porosität zu setzen ist. Bei allen übrigen Mustern aber bemerken wir, daß nach ca. drei-wöchentlicher Ruhe der Kautschukstoff fast gänzlich seine ur-sprüngliche Gasdichtigkeit wieder erhalten hat.

Die Gasundichtigkeit der Ballonhüllen im allgemeinen scheint also nicht auf die Porosität zurückzuführen zu sein, sondern darauf, daß die Kautschukmembran, wenn sie an einer Seite mit Wasser-stoff in Kontakt steht, diesen Wasserstoff in irgendeiner Art auf-löst und je nach der Konzentration des sich in der Membran auf-lösenden Wasserstoffs einen Teil dessen an derjenigen Seite abgibt, wo er mit dem Wasserstoff nicht in Kontakt ist. Obige Versuchsreihe zeigt aber auch, daß diese Art Quellung der Kautschukmembran mit Wasserstoff ein reversibler Vorgang ist, daß also Wasserstoff von der Kautschukmenbran nicht allzu zäh zurückgehalten wird, denn wenn die Kautschukmembran nicht mehr an einer Seite mit Wasserstoff in Berührung ist, so gibt sie den von ihr zurückbehaltenen Wasserstoff ziemlich rasch ab.

Dies ist eine Ureigenschaft des Kautschuks, und diese Eigen-schaft sollte seine allzu große Verwendung für lange unter Füllung bleibende Luftschiffe verhindern.

Übrigens benimmt sich der Kautschuk der Luft gegenüber ebenso wie dem Wasserstoff gegenüber. Mißt man nämlich jeden Tag die Hubkraft des Gases eines gefüllten Ballons, so merkt man, daß diese Hubkraft ständig fällt.

In der 1. Woche wurde z. B. bei einem 5000 cbm-Ballon nur wenig Verlust konstatiert, z. B. von 1175 g pro cbm auf 1170 g während 8 Tagen; in der 3. Woche aber fällt die Hubkraft wäh-rend 8 Tagen von 1090 auf 1003 (wenn der Ballon mittels Wasser-stoff auch nachgefüllt wird). Dies will mit anderen Worten sagen, daß die Kautschukmembran nicht nur Wasserstoff, sondern auch Luft (resp. seine Komponenten) zuerst absorbiert und je nach der Konzentration des in der Membran befindlichen Gases an der entgegengesetzten Seite (in die Hülle hinein) abgibt.

Die Art und Weise des Auflösens der Gase wurde als eine dem *Freundlich*schen Gesetz folgende Adsorption erkannt. Es ist also derselbe Vorgang, wie wenn Tierkohle den Farbstoff der Zuckermelasse zurückhält (adsorbiert).

Das Freundlichsche Adsorptionsgesetz ist durch die Formel

$$\frac{X}{A} = KC^m$$

ausgedrückt, in welcher X die adsorbierte Menge, A die ad-sorbierende Menge resp. Oberfläche und C die Konzentration des zu adsorbierenden Körpers be-deutet, wobei K und m zwei Kon-stanten sind.

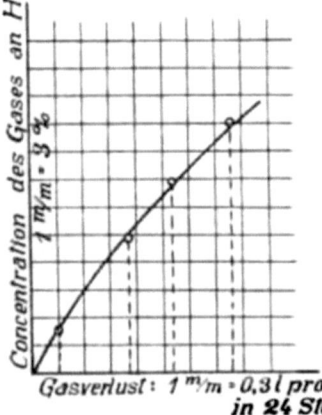

Gasverlust: $1^{m/m} \cdot 0,3\,l$ pro m^2
in 24 Stunden.

Fig. 29.

Der Gasverlust als Funktion der Wasserstoffkonzentration.

Wir nehmen die Versuche bei den Ballonstoffen so vor, daß wir die Ad-sorption, welche ja dem Gasverlust entspricht, da jede adsorbierte Menge bei einem der beschriebenen Apparate, z. B. bei der Renard-Surcoufschen Wage, als Volumenverkleinerung sofort zum Vorschein kommt, bei ver-schiedenen Konzentrationen des Wasserstoffs messen. Der Wert $A =$ adsorbierende Menge bleibt konstant, wenn wir immer die-selbe Stoffprobe benutzen.

Dies ergibt folgende Tabelle, deren Werte zur Konstruktion der Kurve in Fig. 29 dienten (Dauer 2 Tage pro Versuch).

Konzentration des Wasserstoffs:

Mittel vor und nach der Bestimmung:

Versuch I: 90,1%, | Versuch III: 45,5%,
» II: 71,3 » | » IV: 13,2 »

Verlust in Litern pro Quadratmeter in 24 Stunden:

Versuch I: 7,6 | Versuch III: 3,67,
» II: 5,45, | » IV: 1,11.

Die Kurve ist eine solche zweiten Grades. Durch Logarith-mieren der Freundlichschen Gleichung erhält man:

$$\frac{X}{A} = KC^m$$

$$\log \frac{X}{A} = \log K + m \log C.$$

Wir setzen aber A gleich einer Konstante, da die adsorbierende Menge oder Oberfläche immer gleich bleibt: es ist das Stoffmuster, das untersucht wird. Wir schreiben also

$$\log X = \log K + m \log C.$$

Es sind uns die Werte von X und C bekannt, wir können die Logarithmen dazu bestimmen und erhalten dann folgende Tabelle, welche die Kurve (Fig. 30) wiedergibt.

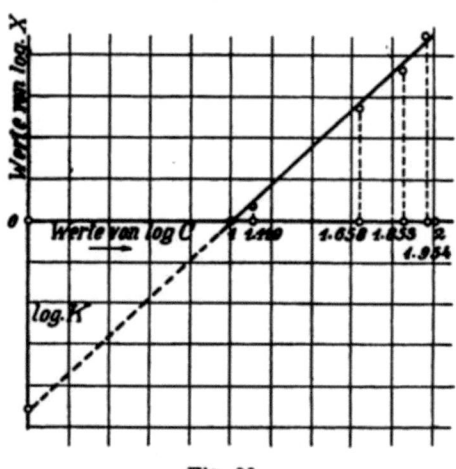

Fig. 30.

Ist die Kurve (Fig. 30) eine Gerade, so muß unbedingt das Phänomen ein Adsorptionsphänomen sein.

log C	log X
1,95472	0,8808
1,85309	0,7364
1,65081	0,5647
1,11057	0,0792

Aus diesen Werten ergibt sich die Gerade, welche für $m = 0{,}89$ und für $K =$ ungefähr -1 als Wert besitzt.

Es ist also mit voller Gewißheit nachgewiesen, daß der Durchgang von Wasserstoff durch gute, nicht poröse Ballonhüllen ein natürlicher Adsorptionsvorgang des Wasserstoffs durch die Kautschukmembran ist, und zwar ist der Vorgang genau der, wie z. B. eine Quellung von Gelatine durch Wasser. Wenn die Kautschukmembran eine genügende Menge Wasserstoff adsorbiert hat, erfolgt eine Art Gasdialyse, d. h. es besteht die Ballonhülle nicht mehr aus reinem Kautschuk, sondern aus einem System Wasserstoffkautschuk, einem mit Gas vollgequollenem Kautschuk, welcher an derjenigen Seite, auf welcher kein Wasserstoffpartialdruck ist, also auf der Luftseite, Wasserstoff abgibt, während die so weggegangenen Mengen durch Auflösen von Wasserstoff aus dem Balloninnern ersetzt werden.

Wird nun so ein Ballon, dessen Hülle aus diesem Kautschukwasserstoffsystem besteht, wegen zu starkem Gasverlust abgeblasen, so wird man solange an einzelnen Proben des Ballonstoffs starke Gasverluste konstatieren, als dieser mit Wasserstoff noch imprägniert ist. Da aber solche Adsorptionsverbindungen reversibel sind, wie wir dies schon vorhin nachwiesen, d. h. da der Wasserstoff nicht zäh zurückgehalten, sondern leicht an die Umgebung abgegeben wird, so kann man selbstverständlich die ursprüngliche Gasdichtigkeit wieder erlangen, wenn man den Wasserstoff aus der die gasdichte Hülle bildenden Kautschukmembran durch Liegen an der Luft verdampfen läßt. Dies ist aber nicht nur für Wasserstoff und Kautschuk richtig, sondern auch für Kautschuk und andere Gase, speziell für Luft, denn genau dasselbe Phänomen wird sich zeigen bei der Kautschukmembran und Luft. Diese wird auch in immer steigendem Maße in die Hülle einwandern, und zwar speziell der Sauerstoff, dessen Löslichkeit im Kautschuk größer als die Löslichkeit des Stickstoffs im Kautschuk ist.

Der Vorgang ist also der, daß zuerst Wasserstoff adsorbiert und dann abgegeben wird. Dies ist auch aus folgenden Versuchen ersichtlich (vgl. Fig. 31).

Es wurden zwei verschiedene Kautschukmembranen auf die mit Wasserstoff gefüllte Renardsche Wage aufgespannt. Die eine wog 918 g pro qm, die andere 1676 g pro qm. Die Fig. 31 zeigt die Gasverluste als Funktion der Zeit bei gleicher Oberfläche. Zuerst sind die Gasverluste gleich, die beiden Kurven sind parallel: dies ist die Periode der Adsorption, wo an die Luft noch keine merkbaren Mengen Gas abgegeben werden; dann von 100 Stunden Quellungs- resp. Versuchsdauer an beginnt der Gasverlust der leichteren, dünneren Membran rascher zu steigen, als derjenige der schwereren Membran; die dünne Membran ist saturierter als die dicke und gibt in derselben Zeit mehr Gas ab als die dicke (zwischen 200 und 400 Stunden). Von da ab aber, wo beide gleichmäßig saturiert sind und sowohl die Aufnahmeoberfläche wie auch die Abgabeoberfläche gleich sind, ist auch die Gasaufnahme resp. Gasabgabe gleich.

Da nunmehr die Eigenschaft der Kautschukmembran, Gas, speziell Wasserstoffgas, zu adsorbieren und wieder abzugeben, bekannt und bewiesen ist, war es von Interesse zu erforschen, wieweit diese Adsorptionsfähigkeit der Membran von ihrer chemischen Konstitution abhängig ist.

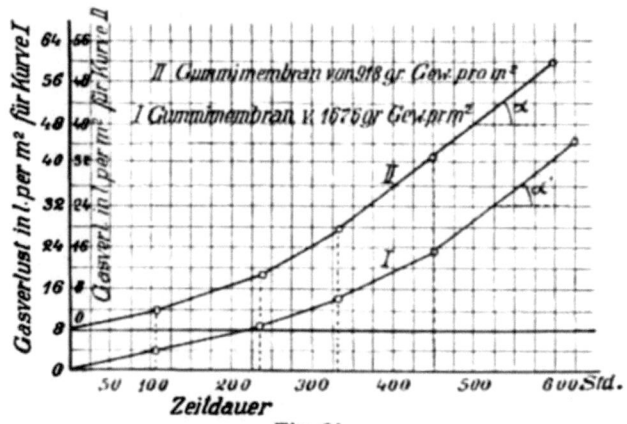

Fig. 31.

Vergleich der Wasserstoffpermeabilität zwischen ungleich dicker Kautschukmembranen.

Es wurde zuerst versucht, den Einfluß der Vulkanisationsart auf die Adsorptionsfähigkeit für Gase zu untersuchen. Dies gelang jedoch bei den Versuchen mit der Renardschen Wage nicht, da die Unterschiede wechselnd und so klein waren, daß gar keine Schlüsse gezogen werden konnten. Hingegen gelang es durch sorgfältige Beobachtung und Gasanalyse in der Praxis schon gefüllter Ballone, diesbezüglich wertvolle Hinweise zu erhalten.

Betrachten wir die Figuren 32 und 33. Diese beiden Figuren zeigen die Änderung der Hubkraft von zwei Lenkluftschiffen während derselben Zeitdauer, wobei die Fig. 32 bei einem aus dampfvulkanisiertem Stoff, die Fig. 33 bei einem aus kaltvulkanisiertem Stoff hergestellten Ballon aufgenommen wurde.

Während 23 Tagen (vom 20. Juni bis 13. Juli) ist die Hubkraft beim Ballon I aus dampfvulkanisiertem Stoff von 1156 **g**

auf 986 g pro cbm gefallen, wobei der Ballon, der einen Kubikinhalt von 4475 cbm besaß, 2530 cbm Wasserstoff, also 56% seines
Volumens, nachgefüllt erhielt.

Während derselben Periode verlor der Ballon II aus kaltvulkanisiertem Stof von seiner 1145 g pro cbm betragenden Hubkraft nur soviel, daß sie auf 1107 g pro cbm herunterfiel, wobei der 6640 cbm betragende Ballon ebenfalls nur 2570 cbm
Wasserstoff, also nur 38% seines Volumens nachgefüllt erhielt.

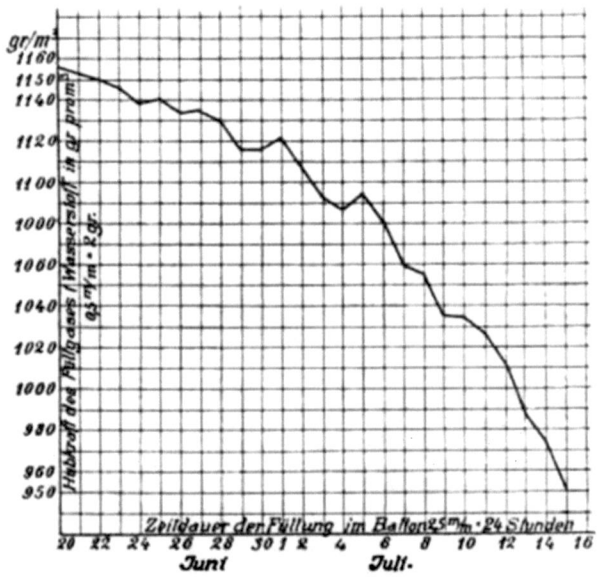

Fig. 32.

Hubkraftabnahme des Füllgases im Sommer bei einem 4500 cbm
großen Lenkluftschiff aus dampfvulkanisiertem Gummistoff.

Diese Zahlen und die Figuren jedoch gestatten nur eine ungefähre Abschätzung dafür, daß die Hubkraftverminderung bei
einem aus kaltvulkanisiertem Stoff bestehenden Ballon bedeutend
geringer ist. Dies kann aber auch zahlenmäßig mit voller Genauigkeit ausgedrückt werden.

Da das Gewicht von 1 cbm Luft 1293 g und dasjenige von
1 cbm Wasserstoff 87 g ist, so muß die theoretische Hubkraft
1293 − 87 = 1206 g sein. Angenommen, dieses Gas, welches in
den Ballon eintritt, sei wirklich Luft (was wir trotz der Anwesen-
heit von verhältnismäßig mehr Sauerstoff wegen des geringen

Dichtenunterschiedes zwischen O und N wohl annähernd trotz dem Grahamschen Gesetz annehmen können), so kann man folgendes feststellen: 99 proz. Wasserstoff, der 0,99 cbm Wasserstoff und 0,01 cbm Luft enthält, wird eine Hubkraft von $1293 - (86,1 + 12,9)$ $= 1194$ g haben, was 12,1 g Hubkraftverminderung für jedes Prozent eingetretene Luft entspricht, d. h. jede 10 l eingedrungene Luft pro cbm entsprechen einer Hubkraftverminderung von 12,1 g. Wenn also die Hubkraft eines Kubikmeters Ballonfüllgas im An-

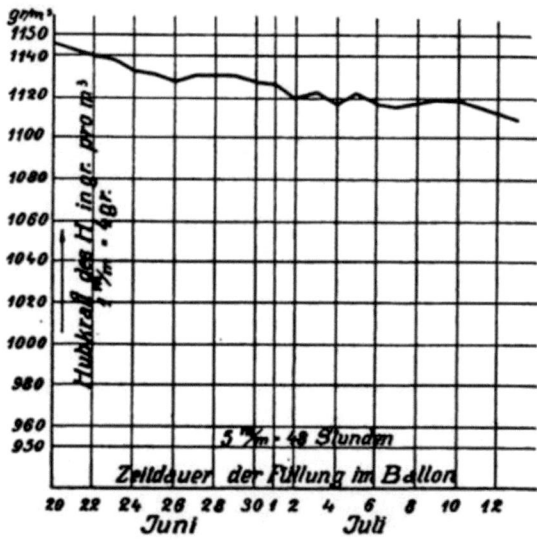

Fig. 33.

Hubkraftabnahme des Füllgases bei einem 6000 cbm grossen Lenkluftschiffes im Sommer. Die Hülle bestand aus kalt-vulkanisiertem Gummistoff.

fang der Füllung 1156 g beträgt und nach ca. 3 Wochen nur 1033 g betragen wird, so ist jedem anwesenden Kubikmeter Wasserstoff $\frac{1156 - 1033}{12,1} \cdot 10$ l Luft beigemischt, d. h. $\frac{123}{12,1} \cdot 10 =$ ca. 0,1 cbm Luft. Der Totallufteintritt in den Ballon wird durch Multiplikation dieser Zahl mit dem Ballonvolumen erhalten.

Nehmen wir nun Fig. 32 und wenden wir unsere Berechnung auf diesen aus dampfvulkanisiertem Stoff bestehenden Ballon an, nachdem wir ihn 20 Tage beobachteten und vergleichen wir ihn dann während einer Periode von ebenfalls 20 Tagen mit dem Ballon aus kaltvulkanisiertem Stoff laut Fig. 33.

Wir wollen unsere Zahlen auf vergleichbare Basis reduzieren. Die Temperaturen während beider Untersuchungsperioden waren ungefähr gleich. Beim Ballon I aus dampfvulkanisiertem Stoff kommen 0,36 qm Oberfläche auf 1 cbm, beim Ballon II aus kaltvulkanisiertem Stoff seines größeren Volumens wegen 0,33 qm Stofffläche pro cbm. Der Ballon II ist also in um 8,4% günstigeren Verhältnissen, was Lufteinströmung betrifft, als der Ballon I. Der Lufteintritt pro qm in ein cbm kann also bei diesem Ballon um 8,4% größer sein als beim Ballon II, wenn beide Stoffe sich gleich verhalten.

Beim Ballon I beträgt die Hubkraftabnahme 123 g pro cbm in 20 Tagen, also im Mittel 6,15 g pro cbm und pro Tag. Da 12,1 g Hubkraftabnahme einem Lufteintritt von 10 l pro cbm entsprechen, so müssen täglich pro cbm 5,1 l Luft eingeströmt sein. Da der Ballon einen Kubikinhalt von im ganzen 4475 cbm hatte, so sind im ganzen 22,8 cbm Luft eingeströmt und (die Totalfläche betrug 1620 qm) ca. 14 l pro Tag und qm.

Wie schon vorhin bemerkt, wurde der Ballon mit 2530 cbm Wasserstoff während dieser 20 Tage nachgefüllt, d. h. diese Gasmenge entwich (und außerdem noch $\frac{1}{5}$ mehr, denn dieses $\frac{1}{5}$ wurde durch obigen Luftzutritt kompensiert, was wir aber vernachlässigen). Dies ergibt eine tägliche Nachfüllung von 125 cbm pro Tag, d. h. von 77 l pro qm und pro Tag.

Der Ballon II aus kaltvulkanisiertem Stoff Fig. 31 hatte seine Hubkraft von 1145 g pro cbm während 20 Tagen insoweit eingebüßt, daß sie nur 1107 g betrug. Der Verlust war also von 38 g Hubkraft pro cbm in 20 Tagen, also 1,9 g pro Tag, was einem Lufteintritt von 1,56 l pro cbm entspricht, da der Ballon ein Volumen von 6640 cbm hatte; der Totallufteintritt pro Tag beträgt 10,36 cbm und bei einer Oberfläche von 2251 qm einem Lufteintritt von 4,6 l pro Tag und qm.

Wie ebenfalls vorhin bemerkt, wurde dieser Ballon während der 20 Tage mit 2570 cbm Wasserstoff nachgefüllt, also ebenfalls fast um soviel täglich (trotz seines um $\frac{1}{3}$ größeren Volumens) als der Ballon I, nämlich 126 cbm im Durchschnitt. Dies ergibt pro qm bei einer Oberfläche von 2250 qm einen Gasverlust von 56 l.

Wir können nun diese Zahlen mit den Zahlen bei dem Ballon I insofern vergleichen, als wir die Zahlen beim Ballon II um 8,4% verschlechtern (wegen dessen günstigerem Verhältnis vom Volumen zur Oberfläche). Wir erhalten dann:

Permeabilität der Luft gegenüber:

Dampfvulkanisierter Stoff: 14 l pro qm und Tag.

Kaltvulkanisierter Stoff: 4,6 + 8,4% dazu = ∞ 5 l pro qm und Tag.

Der kaltvulkanisierte Stoff ist also bezüglich der Durchlässigkeit für Luft fast dreimal günstiger als der dampfvulkanisierte.

Permeabilität dem Wasserstoff gegenüber:

Dampfvulkanisierter Stoff: 77 l pro qm und Tag.

Kaltvulkanisierter Stoff: 56 l, dazu noch 8,4% = 60,7 l.

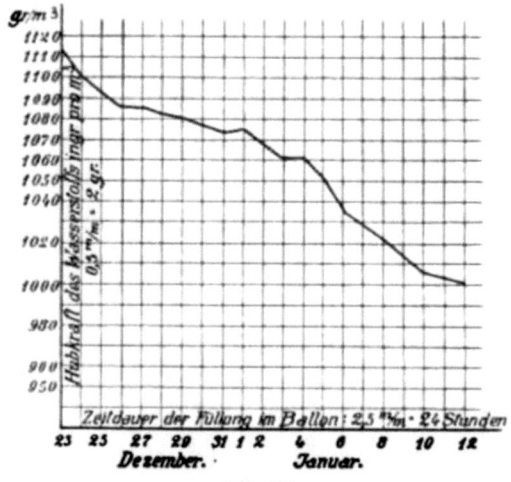

Fig. 34.

Hubkraftabnahme im Winter beim Lenkluftschiff der Fig. 32.

Der kaltvulkanisierte Stoff ist also bezüglich der Durchlässigkeit für Wasserstoff um ca. 22% günstiger als der dampfvulkanisierte.

Wir sahen also, daß die chemische Zusammensetzung der Kautschukmembran einen bedeutenden Einfluß auf die Gasdurchlässigkeit der Ballonhülle hat.

Einen ähnlichen Einfluß besitzt die chemische Zusammensetzung auch auf die Temperaturempfindlichkeit.

Fig. 32 ergibt die Hubkraftänderung während 20 Tagen bei einem ca. 4500 cbm - Ballon im Sommer, bei 18⁰ mittlerer Temperatur. Die Änderung beträgt 123 g (tägliche Nachfüllung ca. 100 cbm).

Fig. 34 ergibt die Hubkraftänderung bei demselben Ballon im Winter bei 4⁰ mittlerer Temperatur, die Änderung beträgt nur 113 g (dieselbe Nachfüllung wie oben: 97 cbm).

Fig. 35 ergibt die Hubkraftänderung eines kaltvulkanisierten Ballons im Sommer bei 18°. Die Änderung beträgt in 46 Tagen 72 g pro cbm.

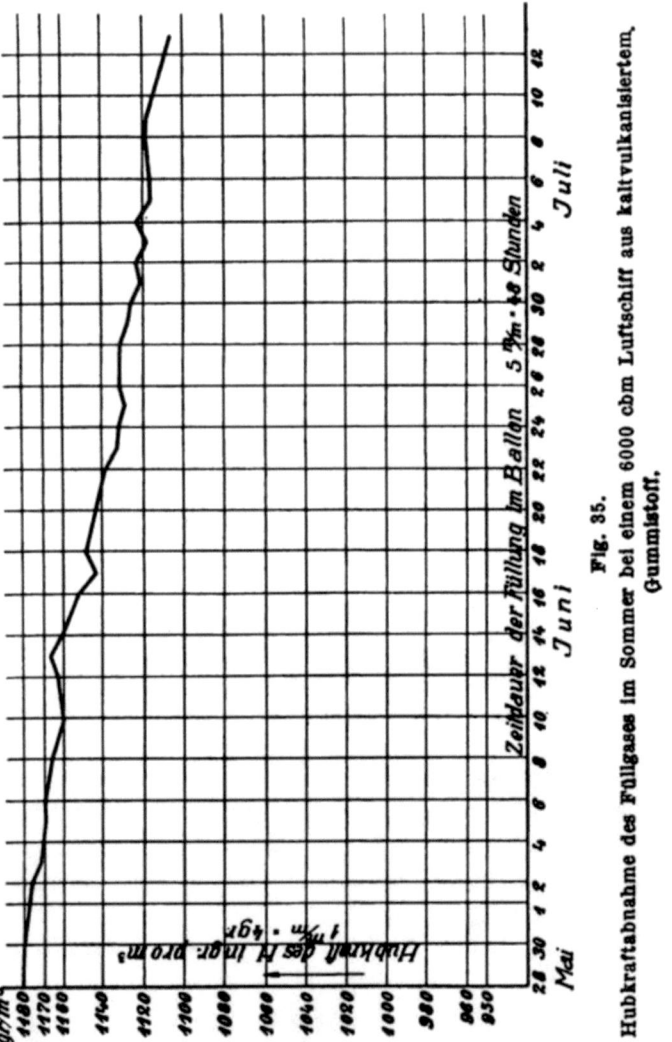

Fig. 35.

Hubkraftabnahme des Füllgases im Sommer bei einem 6000 cbm Luftschiff aus kaltvulkanisiertem, Gummistoff.

Fig. 36 ergibt die Hubkraftänderung dieses Ballons im Winter bei einer Durchschnittstemperatur von 4°. Die Änderung beträgt für 46 Tage 23 g pro cbm.

Während also bei dampfvulkanisierten Stoffen die Lufteinströmung ziemlich groß und fast unabhängig von der Temperatur ist, ist sie bei vulkanisierten Stoffen stark von der Temperatur

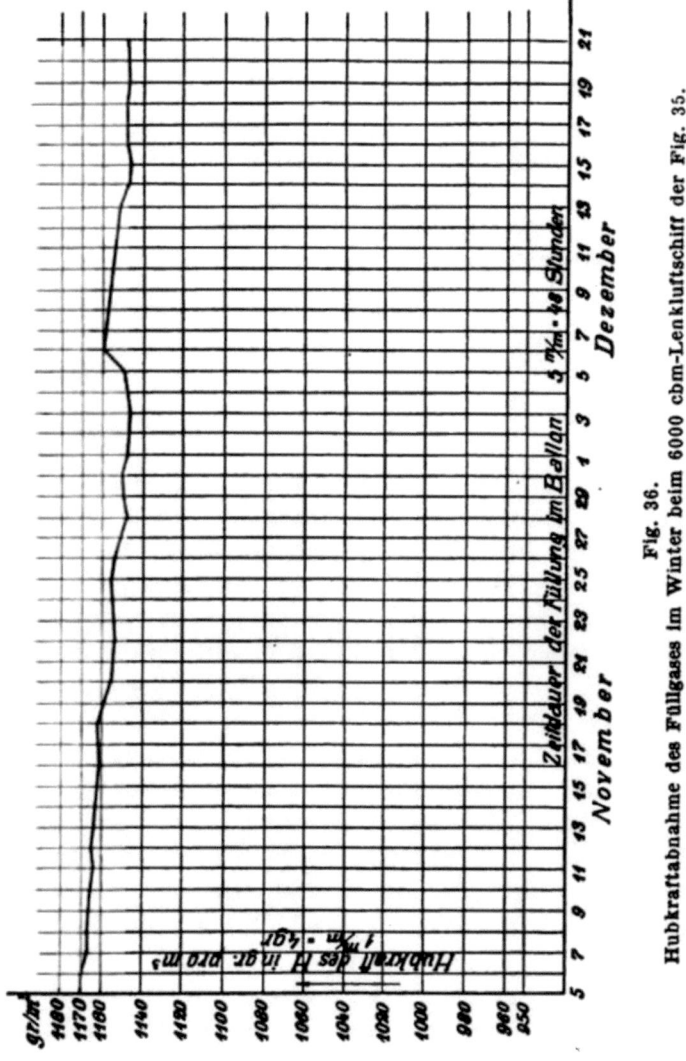

Fig. 36.

Hubkraftabnahme des Füllgases im Winter beim 6000 cbm-Lenkluftschiff der Fig. 35.

abhängig, aber bedeutend kleiner. Der Einfluß der Temperatur ist auch schon von Graham und neuerdings in dem Aeronautischen Laboratorium der National Physical Laboratory in Teddington gemessen und zu 0,3 Renard-Divisionen pro Grad Celsius gefunden worden.

Die Zusammensetzung der Kautschukmembran hat speziell bei den dampfvulkanisierten Stoffen einen gewissen, wenn auch nicht bedeutenden Einfluß auf den Gasverlust.

Eine Reihe von solchen Ballonstoffmustern, welche über ein Jahr lang in einer Lenkluftschiffhülle verwendet wurden und deren durchschnittlicher Totalschwefelgehalt aus dem Mittel von drei Bestimmungen 3,95% ergab (1. Best.: 3,84, 2. Best.: 3,917, 3. Best.: 4,11), wurde auf den Gasverlust hin untersucht und daraufhin die Menge des kombinierten Schwefels bestimmt. Es wurden folgende Zahlen gefunden:

	Gasverlust in Renardschen Einheiten	Gebundener Schwefel in %
Muster I:	8	0,93
» II:	13	0,89
» III:	24	0,77
» IV:	67	0,58

Es scheint daraus sich zu ergeben, daß je höher die Menge gebundenen Schwefels bei gleichbleibender freier Schwefelmenge, also je höher der Vulkanisationskoeffizient, um so gasdichter scheinen die Stoffe zu sein. Dies will mit anderen Worten sagen, was wir schon bei der Porosität betonten: daß nämlich je geringer die Menge freien Schwefels, um so gasdichter der Stoff.

Außerdem aber scheint die chemische Zusammensetzung der Kautschukmembran auf eine andere Eigenschaft des Ballonstoffs von Einfluß zu sein. Wir haben vorhin gesehen, daß die Kautschukmembran Wasserstoff aufnimmt und diesen mehr oder minder zäh zurückhält. Es wurden Ballonstoffe, die bei einer Füllung qualitativ durch den Shortschen Apparat für sehr gasdurchlässig und auch auf der Renardschen Wage für sehr gasdurchlässig gefunden wurden, auf ihren Harzgehalt hin untersucht, indem sie mit Azeton sorgfältigst extrahiert, der Gesamtextrakt gewogen und im Gesamtextrakt der Schwefel bestimmt und vom Gesamtextraktgewicht abgezogen wurde. Diese Stoffe ergaben:

	Gasverlust in Renardschen Einheiten	Harzgehalt
Muster I:	63	2,03%
» II:	49	3,18%
» III:	33	4,78%

Alle drei Stoffmuster waren also als schlecht zu betrachten. Ein Jahr später wurden sie, nachdem inzwischen die Untersuchungen über die Reversibilität der Wasserstoffabsorption abgeschlossen wurden, nochmals geprüft und ergaben nunmehr geringere Gasverluste, haben also einen Teil ihrer ursprünglichen Gasdichtigkeit wieder erhalten.

| | Gasverlust in Renardschen Einheiten: | | Abnahme in % | Harzgehalt |
	1911	1912		
Muster I	63	52	18%	2,03%
» II	49	28	43%	3,18%
» III	33	17	49%	4,78%

Da es nun aus dem Vorgehenden bekannt ist, daß der Gasverlust der Kautschukmembran direkt proportional ist mit der vom Membran adsorbierten Wasserstoffmenge, so muß diese vom

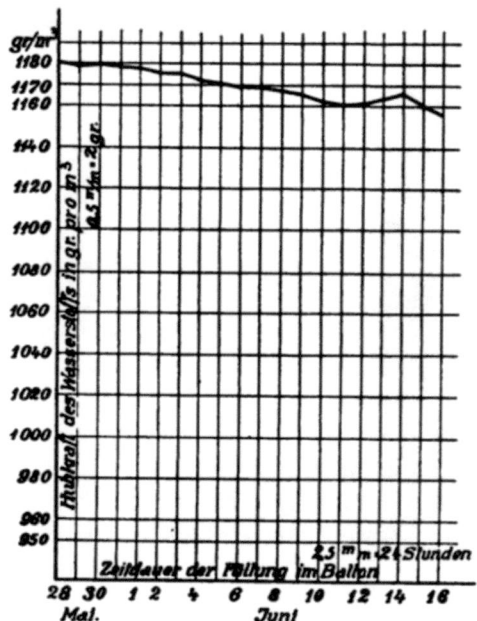

Fig. 37.
Hubkraftänderung des Füllgases im Sommer bei einem 5000 cbm-Lenkluftschiffes aus kaltvulkanisiertem Ballonstoff. Erste Füllungsperiode.

Membran zurückgehaltene Wasserstoffmenge im Laufe des Jahres abgenommen haben, wenn die Durchlässigkeit der Membran abgenommen hat. Die Prozente würden die ungefähre Abnahme der adsorbierten Gasmenge angeben, und wir sehen, daß diese Abnahme mit dem Harzgehalt proportional ist. Je größer die Harzmenge, um so weniger Wasserstoff wurde zurückbehalten, um so leichter gewinnt die Membran ihre Gasdichtigkeit wieder. Mit anderen Worten: die chemische Hysteresis der Wasserstoffadsorption oder die Koerzitivkraft der Kautschukmembran für Wasserstoff ist um so größer, je weniger Harz im Kautschuk vorhanden ist (bis zu einer noch zu bestimmenden Grenze!).

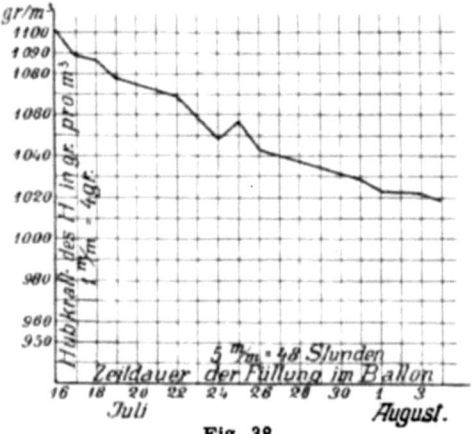

Fig. 38.
Hubkraftänderung des Füllgases beim Lenkluftschiff der Fig. 37. Zweite Füllungsperiode.

Dies wurde übrigens ebenfalls schon beobachtet, da einige leicht schleimig gewordene Hüllen in diesem Zustand vorzüglich gasdicht waren.

Auch die Existenz dieser »Koerzitivkraft« ließ sich an ganzen Ballons für Luft ebenfalls nachweisen.

Fig. 37 zeigt die Füllungsperiode eines kaltvulkanisierten Ballons während 16 Tagen. Die Hubkraftabnahme beträgt während dieser Zeit 25 g pro cbm. Der Ballon wurde nach einiger Zeit nun entleert und wieder aufgefüllt.

Fig. 38 zeigt diese zweite Füllungsperiode ebenfalls während 16 Tagen. Die Hubkraftabnahme beträgt 79 g. Die Hülle war also in dieser zweiten Periode mit Sauerstoff und Stickstoff gesättigter als in der ersten Periode.

Dasselbe ließe sich auch mit den Nachfüllungsvolumina bestimmen. Wir kommen darauf noch in den nächsten Kapiteln zurück.

V. Kapitel.

Einfluß der Verunreinigungen der Füllungsgase auf die Durchlässigkeit der Ballonhüllen. Bestimmung der Unschädlichkeit der Verunreinigungen.

Das Verhältnis des Gases zur Hülle in einem Ballon sollte eigentlich vom chemischen Standpunkt nur in dem Benehmen von reinem Wasserstoff gegenüber einer reinen Kautschukfolie zum Ausdruck kommen.

Wir haben aber im vorigen Kapitel gesehen, daß dies nicht ganz der Fall ist. Wir haben den Einfluß der Verunreinigungen des Kautschuks, der Hülle also, untersucht und gefunden, daß diese einen bedeutenden Einfluß auf die Permeabilität des Ballon stoffes ausüben. Lange Zeit wurde dies verneint und man dachte, allerlei Ursachen der Permeabilitätszunahme ausfindig zu machen, so die Farbstoffe, die Webart des Textilgutes usw. Am längsten hielt noch diejenige Meinung an, welche noch heutzutage viel Anhänger haben dürfte, daß die Verunreinigungen des Wasserstoffgases an den Permeabilitätsänderungen der Ballonhüllen die Hauptschuld tragen.

Diese Meinung wurde hauptsächlich durch einige Arbeiten von *Victor Henri* verbreitet[1]). Henri behauptete, daß kautschutierte Stoffe, wenn sie bei einer Temperatur unterhalb 14⁰ C herum mit schwefelwasserstoffhaltigem Wasserstoff in Kontakt kommen, verharzen und ihre Gasundurchlässigkeit einbüßen.

Als dann damals mit den mehr oder minder gut hergestellten Stoffen die ersten Lenkluftschiffe in Frankreich gebaut wurden und sich sehr undicht erwiesen, wurde diese von Henri ausgesprochene

---

[1]) Le Caoutchouc et le Gutta-Percha, Juli 1910.

Meinung über Undichtigkeit infolge Verunreinigung des Füllgases auch auf andere Gase als Schwefelwasserstoff ausgedehnt. Man meinte, die schlechte Gasdichtigkeit der Ballonhüllen sei durch die im Wasserstoff vorhandenen Verunreinigungen, Arsenwasserstoff, Schwefelwasserstoff, Phosphorwasserstoff, Äthylene, verursacht, d. h. diese Stoffe, wie man sagte, greifen die Kautschukmembran an.

Diese hauptsächlich von Chemikern der Gummifabriken verbreitete Auffassung, die von den Ballontechnikern während einer gewissen Zeitdauer ohne weitere Kontrolle angenommen wurde, führte einstweilen zu einem vorzüglichen Resultat: die Ballonkonstrukteure drängten mit allen Mitteln auf besseren, reineren

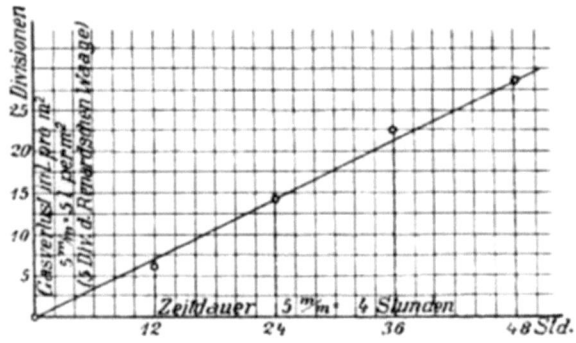

Fig. 39.

Einfluß des H_2S des Gases auf die Permeabilität: Gasverlust einer Kautschukmembran von 85 g v o r der Einwirkung von H_2S.

Wasserstoff und riefen dadurch eine ganze Reihe von neuen·Wasserstoffdarstellungsverfahren ins Leben, deren mehrere imstande waren, fast chemisch reinen, von all den als schädlich verrufenen Nebenprodukten freien Wasserstoff zu produzieren.

Trotz diesen guten Gasen aber war das Problem nicht gelöst. Die Ballonhüllen blieben stark gasdurchlässig; aus welchen Gründen, das sahen wir im Kapitel IV. Es wurde also zur Untersuchung der Einwirkung der Fremdgase auf die Ballonhülle resp. auf die Kautschukmembran geschritten.

Zuerst wurde versucht, die Henri'schen Behauptungen betreffs H_2S zu überprüfen. Es wurden Versuche sowohl mit kalt- wie mit dampfvulkanisierten Stoffen nach verschiedenen Richtungen hin unternommen. Es wurde z. B. ein kaltvulkanisierter Gummistoff, der vor dem Versuch die in Fig. 39 mitgeteilte Permeabilitäts-

kurve besaß, während 36 Stunden bei Tageslicht unter 8⁰ C auf-
bewahrt und seine Permeabilität wieder gemessen. Die so erhaltene Permeabilitätskurve ist in Fig. 40 wiedergegeben. Während

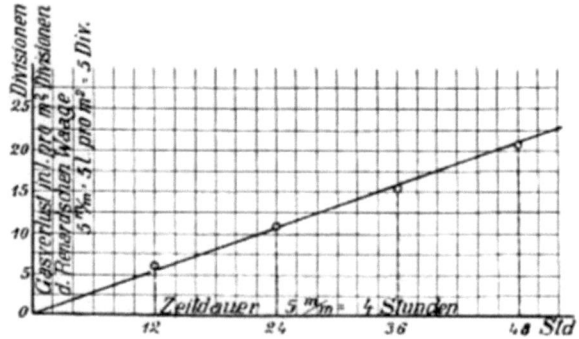

Fig. 40.

Einfluß des H₂S-Gehaltes auf die Permeabilität: Gasverlust der
85 g Kautschukmembran nach 36 stündiger Einwirkung von H₂S.

also die Permeabilität vor der Einwirkung in 24 Stunden ca.
13½ Renardsche Grade ausmachte, betrug sie nach der Einwir-

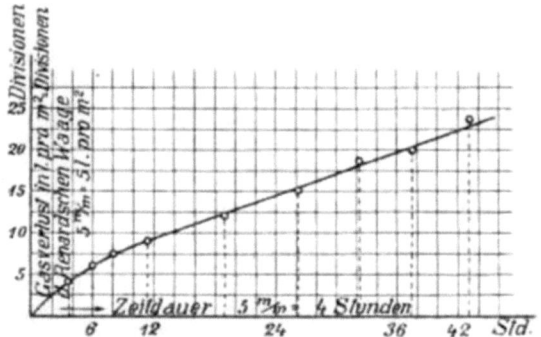

Fig. 41.

Einfluß des H₂S auf die Permeabilität: Dieselbe Membran
wie in Fig. 39 und 40, die Kurve ist aber mit 20⁰/₀ H₂S
enthaltendem Gase aufgenommen.

kung nur ungefähr 11 Renardsche Grade. Eine schädigende Einwirkung konnte nicht konstatiert werden, eher das Gegenteil.

Wird nun der Gummistoff im Kontakt mit einem ca. 20% H₂S
enthaltenden Wasserstoffgas untersucht, d. h. die Renardsche Wage
sorgfältigst gefirnißt, um den Kontakt des Gases mit Metall, der
darauf einwirken könnte, auszuschließen, mit Paraffinöl statt

Wasser als hydraulischen Verschluß versehen, um keine Lösung von H_2S im hydraulischen Verschluß zu haben, und mit dem Gasgemisch gefüllt, so erhält man zuerst wohl einen stärkeren Verlust (Fig. 41), dann aber fällt der Gasverlust auf seinen normalen Wert von $11\frac{1}{2}$ Renardschen Graden.

Daraus ersehen wir, daß zwar im Anfang durch H_2S die Permeabilität scheinbar ungünstig beeinflußt wird, dieser Einfluß aber bald verschwindet. Es wurde nun jedes als Verunreinigung auftretende Gas einzeln untersucht, und zwar auf folgende Art und Weise:

Zuerst wurden in einem geschlossenen Gasometer 5 bis 6 Stück Ballonstoffe mit ca. 150 bis 160 g Kautschuk pro qm verschiedener Vulkanisationsart (kaltvulkanisierte, dampfvulkanisierte und mit Heißluft vulkanisierte) hereingebracht, deren Permeabilität früher auf der Renardschen Wage gemessen wurde, und der Gasometer mit Wasserstoff gefüllt, der ca. 20% der Verunreinigung, also ca. 20 Volumprozent AsH_3 oder 20% PH_3 enthielt. Nachdem die Ballonstoffe während ca. 3 Wochen mit diesem Gasgemisch in Kontakt blieben, wurden sie dem Gasometer entnommen und ihre Permeabilität wieder mit der Renardschen Wage geprüft.

Folgende Tabellen, deren Zahlen dem Mittelwert von 5 bis 6 Versuchen entsprechen, ergeben den Einfluß der gasartigen Verunreinigungen auf die Permeabilität.

Tabelle L.

Mit Heißluft vulkanisierter Ballonstoff. (Metzeler & Co., München.)

Dauer des Kontaktes mit ca. 20% Verunreinigungen enthaltendem Wasserstoff: 23 Tage.

Verunreinigung	Permeabilität vor dem Kontakt	Permeabilität nach dem Kontakt
	in Renardschen Einheiten (l pro m² in 24 St.)	
Arsenwasserstoff zu 20% . . .	5,8	6,1
Phosphorwasserstoff zu 21,2%	5,2	5,72
Schwefelwasserstoff zu 19% .	5,9	6,7

In allen drei Proben wurden immer dieselben Stoffproben verwendet. Die Resultate der Permeabilitätsmessung variieren ungefähr zu 5% untereinander, die Genauigkeit der Messung beträgt ungefähr 10%.

Daraus ist ersichtlich, daß die Permeabilität des mit Heißluft vulkanisierten Ballonstoffes von den gasartigen Verunreinigungen des Wasserstoffs überhaupt nicht beeinträchtigt wird. Dasselbe ergibt sich, wie wir ja sofort sehen werden, auch für die nach anderen Methoden vulkanisierten Ballonstoffe.

Tabelle II.

Mit Dampf vulkanisierter Ballonstoff. (Kontinentalgesellschaft.)

Dauer des Kontaktes mit ca. 20% Verunreinigungen enthaltendem Wasserstoff: 20 Tage.

Verunreinigung	Permeabilität vor dem Kontakt	Permeabilität nach dem Kontakt
	in Renardschen Einheiten (l pro m² in 24 St.)	
Phosphorwasserstoff 19% . .	6,9	7,8
Arsenwasserstoff 32%	6,3	5,7
Schwefelwasserstoff 22% . . .	6,5	6,4
Mittel	6,6	6,7

Nach dieser Versuchsreihe, die die Durchschnittswerte von 6 Stoffproben enthält, würde es sogar scheinen, daß diese Stoffe durch den Kontakt mit den gasartigen Verunreinigungen, speziell Arsenwasserstoff und Schwefelwasserstoff, nicht nur nicht leiden, sondern in einer gewissen Art verbessert werden. Dies ist aber, wie gesagt, nur scheinbar, denn die Versuchsfehler können wohl den Grund des 10 prozentigen Unterschiedes, der vorhanden ist, ausmachen. Auch der kaltvulkanisierte Stoff gibt fast dieselben Resultate.

Tabelle III.

Kaltvulkanisierter Ballonstoff. (Hutchinsongesellschaft.)

Dauer des Kontaktes mit ca. 20% Verunreinigungen enthaltendem Wasserstoff: 19 Tage.

Verunreinigung	Permeabilität vor dem Kontakt	Permeabilität nach dem Kontakt
	in Renardschen Einheiten (l pro m² in 24 St.)	
Phosphorwasserstoff 24% . .	4,6	5,2
Arsenwasserstoff 19%	4,8	5,5
Schwefelwasserstoff 22% . . .	5,2	4,9
Mittel	4,88	5,3

Auch hier läßt sich kein wirklich merklicher Unterschied konstatieren, ebenso auch nicht, wenn statt obigen Verunreinigungen Azetylen vorhanden ist.

Man kann also mit voller Berechtigung behaupten, daß die gewöhnlich vorhandenen gasförmigen Verunreinigungen des Wasserstoffs auf die Permeabilität von vulkanisierten Ballonstoffen ohne Einfluß sind und die Permeabilität nicht zerstören.

Da aber fast überall, wo verunreinigter Wasserstoff zum Füllen von Ballons verwendet wird, trotz allem einige Anomalien vorkommen (rascher Gasverlust zu Beginn), so schien es von Interesse, das Verhalten von solchem verunreinigten Wasserstoff zu einem Ballonstoff näher zu verfolgen.

Es wurde also ein Ballonstoff, der pro qm ungefähr 150 g dampfvulkanisierten Kautschuk als Permeabilitätsmembran enthält, auf die Renardsche Wage montiert und das Füllgas, das mit AsH_3 eigens verunreinigt war, vor dem Versuch analysiert. Die Analyse ergab:

$$5,1 \% \ AsH_3,$$
$$0,73 \ » \ O,$$
$$2,94 \ » \ N,$$
$$91,21 \ » \ H.$$

Da das verfügbare Gesamtvolumen der Wage samt der Stoffkalotte 4115 ccm beträgt, so war die Wage mit einer Gasfüllung geladen, die aus

$$209,8 \ ccm \ AsH_3,$$
$$30,1 \ » \ O,$$
$$121,3 \ » \ N,$$
$$91,21 \ » \ H$$

bestand.

Man ließ die Wage 24 Stunden sich selbst über; nach dieser Zeit wurde ein Verlust von 13 Renardschen Einheiten gemessen. Das Gasvolumen der Wage betrug, da sie sich rechts gesenkt hatte, nunmehr nur 3864 ccm. Es war also ein Gasverlust von 4115 − 3864 = 251 ccm zu konstatieren. Das zurückbleibende Gas wurde analysiert und ergab:

$$2,43\% \ AsH_3,$$
$$0,92 \ » \ O,$$
$$3,32 \ » \ N,$$
$$92,98 \ » \ H.$$

Dies entspricht einer Gasfüllung, bestehend aus:

$$94 \text{ ccm } AsH_3,$$
$$35,5 \text{ » } O,$$
$$128,3 \text{ » } N,$$
$$3605,1 \text{ » } H.$$

Es ist also ausgeströmt soviel AsH_3, als dem Unterschiede der Füllung vor und nach dem Versuch entspricht; vor dem Versuch enthielt die Wage 209,8 ccm AsH_3, nach dem Versuch enthielt sie 94 ccm. Es entwichen also 115,8 ccm AsH_3. Ebenso entwichen 3753 — 3604 = 149 ccm Wasserstoff, und es strömten 5,4 ccm Sauerstoff und 7 ccm Stickstoff ein. (Das Verhältnis entspricht dem Grahamschen Gesetz, was die Richtigkeit des Versuches schön beweist.) Die effektiv entwichenen 264,8 ccm bestanden aus 115,8 ccm Arsenwasserstoff und 149 ccm Wasserstoff.

Trotzdem also die Konzentration und somit der Partialdruck des Wasserstoffs $\frac{91,2}{5,1} = 17,6$ mal größer ist als die Konzentration, also der Partialdruck des Arsenwasserstoffs, entweicht der Wasserstoff nur $\frac{149}{115,8} = 1,3$ mal rascher. Infolgedessen ist die Durchlässigkeit der Kautschukmembran für Arsenwasserstoff größer als für Wasserstoff, und zwar $\frac{17,6}{1,3} = 13,5$ mal größer.

Dieser Versuch gibt die Erklärung des vorhin geschilderten anomalen Verhaltens verunreinigter Gase, d. h. des starken Gasverlustes zu Beginn einer Füllung.

Dies läßt sich auch graphisch vorzüglich nachweisen. In Fig. 42 ist ein Permeabilitätsversuch graphisch dargestellt. Die Renardsche Wage wurde mit einem dampfvulkanisierten Ballonstoff versehen und mit 20% AsH_3 enthaltendem Wasserstoff gefüllt. In der Ordinatenrichtung wurden die Zahlen, die der Zeiger durchläuft und die den Renardschen Einheiten entsprechen, also Litern Gasverlust pro qm, notiert und in der Abszissenrichtung die Zeit. Daraus ersehen wir, daß der Stoff in 30 Stunden ca. 14 Renardsche Einheiten verlor. Die Bestimmung des Gasgehalts der Wage in diesem Momente zeigt nur 9,3% AsH_3 an; anderthalb Tage später, nach 60 Stunden, bloß 1,12% AsH_3. Die Diskontinuität der Kurve ist durch die Gasentnahme verursacht, welche die Gasometerseite der Wage zum teilweisen Sinken bringt und den Zeiger der Wage nach rechts neigen läßt.

Die Tangenten an verschiedenen Punkten der Kurve entsprechen der Geschwindigkeit des Gasverlustes, der eigentlichen Permeabilität (Verlust pro Flächeneinheit in der Zeiteinheit). Es ist sehr leicht ersichtlich, daß diese Permeabilität proportional der AsH_3-Konzentration ist und mit dem Fallen dieser Konzentration asymptotisch fällt, bis sie den Permeabilitätsgrad des

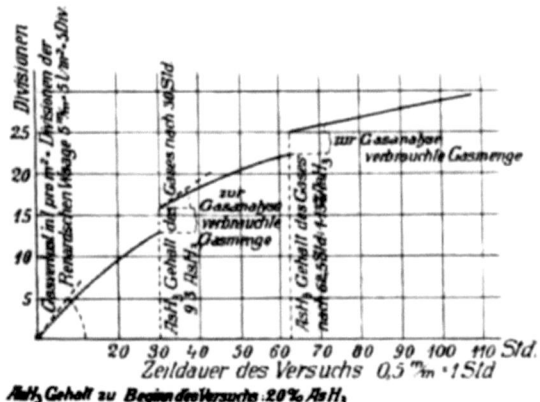

Fig. 42.

Einfluß des AsH_3-Gehaltes auf die Permeabilität: Kurve eines dampfvulkanisierten Ballonstoffs, mit 20% AsH_3-haltigem Wasserstoff bestimmt.

reinen Wasserstoffs erreicht, das nach ca. 70 Stunden eintrifft. Die Fig. 43 zeigt auch klar, daß derselbe Stoff, wenn er mit arsenwasserstofffreiem Wasserstoff untersucht wird, gleich zu Beginn der Probe dieselbe niedrige Permeabilität hat, die er am Schluß des Versuches mit arsenwasserstoffhaltigem Gase hatte, da die Wage am Schluß dieses ersten Versuches auch keinen Arsenwasserstoff mehr enthielt und der Arsenwasserstoff auch keine schädliche Wirkung ausgeübt hat.

In Fig. 44 können wir graphisch die Proportionalität des Arsenwasserstoffgehaltes mit der Permeabilität, Gasverlustgeschwindigkeit, ersehen. Die Kurven der Permeabilitätsänderung und der AsH_3-Konzentrationsänderung verlaufen asymptotisch und fast parallel.

Dasselbe läßt sich für kaltvulkanisierte und für mit Heißluft vulkanisierten Stoffen nachweisen; auch für Phosphorwasserstoff,

Schwefelwasserstoff, Kohlensäure und schweflige Säure. Fig. 45 enthält den mit einem kaltvulkanisierten Stoff mittels PH_3 ausgeführten identischen Versuch. Auch hieraus ist die rasche Abnahme der Permeabilität, die zu Beginn ziemlich hoch ist, zu ersehen, zugleich ist die absolute Proportionalität zwischen PH_3-Gehalt und Permeabilitätsgeschwindigkeit zu ersehen. Ähnlich läßt sich auch die Kurve der Fig. 41 mit H_2S interpretieren. Auch da ist zu Beginn ein hoher, dann ein gleichbleibender Gasverlust. H_2S benimmt sich also ebenso wie die anderen gasartigen Verunreinigungen. Wir können also behaupten, daß die gasförmigen

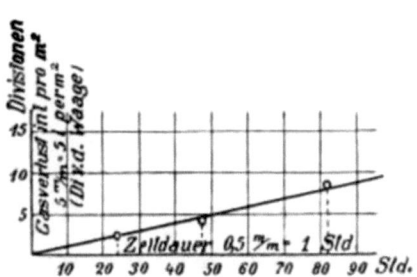

F g. 43.

Einfluß des AsH_3-Gehaltes auf die Permeabilität. Derselbe Stoff wie in Fig. 32, aber nach Einwirkung von reinem H-Gas auf Permeabilität geprüft.

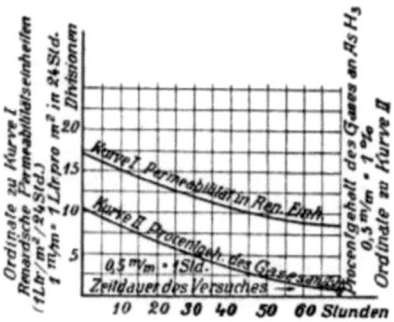

Fig. 44.

Einfluß des AsH_3-Gehaltes auf die Permeabilität: Parallellismus der Permeabilitätsabnahme mit der AsH_3-Abnahme für den Ballonstoff der Fig. 42.

Verunreinigungen des Wasserstoffes auf die Ballonhülle überhaupt keinen Einfluß haben; sie entweichen um vieles rascher als der Wasserstoff aus der Hülle.

Aus dem auf S. 82 im Detail angeführten Beispiel läßt sich aber auch nachweisen, daß die Verunreinigungen auch nicht den Durchgang des Wasserstoffes durch die Hülle beeinträchtigen. Das entweichende Gas bei diesem Versuch bestand aus ca. 44% AsH_3 und 56% Wasserstoff (264,8 ccm im ganzen, von denen 115,8 ccm AsH_3 waren). Wir haben die Gesamtpermeabilität zu 13 Renardschen Einheiten gefunden. Dies ergibt für Wasserstoff eine Permeabilität von 56% dieser 13 Einheiten, d. h. 7,3. Wir nehmen nun denselben Stoff und laden nunmehr die Renardsche Wage mit r e i n e m Wasserstoff. Es ergibt sich nach 24 Stunden eine Permeabilität von 7,4 Renardschen Einheiten. Dies ergibt,

daß der Wasserstoff mit derselben Geschwindigkeit die Ballonhülle durchläuft, sowohl im reinen wie auch im verunreinigten
Zustande. Auf die Durchgangsgeschwindigkeit von Wasserstoff

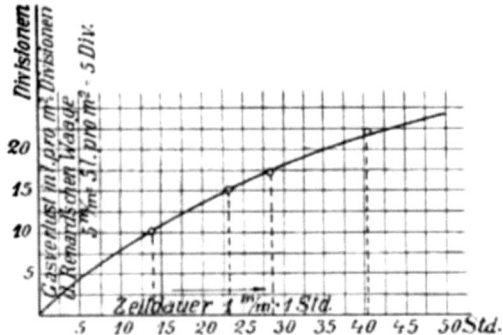

Fig. 45 a.
Einfluß des PH$_3$-Gehaltes auf die Permeabilität: kaltvulkanisierter
Lenkballonstoff; Kurve der Permeabilität mit 11,5 % PH$_3$
enthaltendem Gas bestimmt.

durch die Ballonhüllen sind also die gasförmigen Verunreinigungen
absolut ohne Einfluß. Da auch ihre Neutralität, ihre Unschädlich-

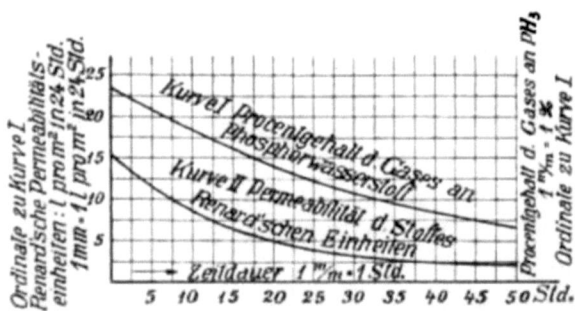

Fig. 45 b.
Parallelismus der Permeabilitätsabnahme mit der PH$_3$-Abnahme.

keit gegenüber dem Hüllenmaterial selbst nachgewiesen ist, so
dürfte ihre An- oder Abwesenheit in Füllgasen, abgesehen von
deren Hubkraft, von wenig Belang sein, und eine allzu kostspielige
Reinigung des Füllgases scheint somit überflüssig.

VI. Kapitel.

Die außer Kautschuk verwendeten Impermeabilisierungsmittel: Leinöl, Goldschlägerhaut, Gelatine, Kollodium, Emaillit. Resultate der Nachlackierung von undicht gewordenen Ballonhüllen und Nachweis dieser Resultate.

Neben dem Kautschuk ist das Leinöl in mehr oder minder gekochtem, in mehr oder minder eingedicktem Zustande das verbreitetste Impermeabilisierungsmittel. Wir werden uns mit der Verwendung von Leinöllacken für Zwecke der Luftschiffahrt im nächsten Kapitel eingehend beschäftigen, zunächst aber die andern Impermeabilisierungsmittel besprechen, die seit den letzten Jahren beginnen, eine gewisse Verbreitung zu finden.

Diese Impermeabilisierungsmittel lassen sich nach ihrem chemischen Ursprung in zwei Klassen teilen: es sind entweder Eiweißstoffe pflanzlichen oder tierischen Ursprungs (Goldschlägerhaut), oder aber es sind Derivate von anorganischen oder organischen Zelluloseestern (Emaillit).[1] Beide Stoffklassen sind kolloider Natur und handelt es sich hier meistens um feste Lösungen.

Außer diesen Produkten wurde auch zum Abdichten von sehr porös gewordenen Ballonhüllen aus kautschutierten Stoffen das sog. B a l l o n i n verwendet, welches aus einer Lösung von Guttapercha in asphalthaltigem Benzol bestand. Jedoch verharzt auch dieses Produkt mit großer Leichtigkeit, und die für eine gewisse Zeit wiedergewonnene Gasdichtigkeit der damit bestrichenen Ballonhüllen geht bald wieder verloren.

---

[1] Über andere ähnliche, nur anders benannte Produkte, vgl. Kunststoffe. 1913. S. 317, Acetylzellulose.

Eiweißstoffe als Impermeabilisierungs-
mittel. Hier müssen wir zwischen Eiweißstoffen pflanzlichen
Ursprungs und solchen tierischen Ursprungs unterscheiden. Als
Eiweißstoffe pflanzlichen Ursprungs, die zum Gasdichtmachen
vorgeschlagen werden, sei zunächst das Konjaku genannt,
ein japanischer Pflanzeneiweißstoff unbekannten Ursprungs (wahrscheinlich getrocknete Algen), der in Form eines sehr feinen, leichten, weißen Pulvers im Handel zu finden ist. Konjaku quillt etwas
im kalten Wasser auf, löst sich aber sehr leicht im warmen Wasser,
um sogar schon in 10 proz. Lösungen zu einer festen Gallerte
zu erstarren. Im warmen gelösten Zustand aufgetragen und gründlich getrocknet, kann es mit einer gewissen Schwierigkeit zum
Bestreichen von Stoffen verwendet werden, jedoch scheint sich
das Produkt, wie es ja im allgemeinen von Eiweißstoffen zu erwarten ist, wegen seiner Hygroskopizität und seiner leichten
Vergärbarkeit nicht bewährt zu haben.

Dasselbe läßt sich von dem durch *Hornstein*, franz. Pat.
Nr. 429 166 sowie Zusatzpatent Nr. 14 259, vorgeschlagenen Agar-
Agar sagen. Das Agar-Agar wird von verschiedenen Algen
(Florideen) geliefert, so das Agar von Ceylon durch die »gracilaria
lichenoides« (fucus amylaceus). Das Eucheuma spinosum liefert
das Agar von Java und Madagaskar. Diese Algen werden getrocknet und in feinen Fädchen oder Lamellen unter dem Namen
Agar-Agar in den Handel gebracht. Auch dieses Pflanzeneiweiß
löst sich nur in heißem oder besser noch in kochendem Wasser,
nach Hornstein z. B. zu 4%, und kann in dieser Art auf Gewebe
aufgetragen werden. Um diesen Überzügen die Tendenz zum
Schrumpfen zu nehmen, ist ein Zusatz von Seife, speziell Kali-
seife (D. R. P. Nr. 138 626), wie auch von Glyzerin vorgeschlagen
worden. Hornstein empfiehlt einen Dampfstrahl auf den fertig
bestrichenen Stoff zu blasen, um den Überzug zu erweichen, damit
dieser in die Stoffporen eindringe. Auch dieses Produkt dürfte
sich sowohl wegen seiner Hygroskopizität wie auch wegen seiner
leichten Vergärbarkeit wenig zu dem von Hornstein vorgeschlagenen
Zwecke eignen. Die Hygroskopizität scheint diesem Erfinder auch
nicht entgangen zu sein, und schlägt er deswegen in seinem Zusatzpatent Nr. 14 259/1911 vor, die mit Agar-Agar gemachten An-
striche nachträglich mit Kollodium resp. anderen Nitrozellulose-
lösungen zu bedecken, um sie vor den Atmosphärilien zu schützen;

auch gegen die Vergärbarkeit schlägt er einen Formalinzusatz zur Masse oder zum Dampfstrahl vor.

Unter den t i e r i s c h e n E i w e i ß s t o f f e n wurden mehrere zu Dichtungsmitteln in der Luftschiffahrt vorgeschlagen, unter anderem die schon besprochene Goldschlägerhaut, auch Leime und die verschiedenen G e l a t i n e a r t e n, mit. oder ohne Zusatz von Geschmeidigkeit erzeugenden sowie von gerbenden Produkten.

Auch die von *Deißer* vorgeschlagenen Lösungen des Sericins der Seidenfaser in Ameisensäure, mit Zusätzen von anderen Eiweißlösungen, dürften, wenn ihnen Geschmeidigkeit erzeugende Mittel beigegeben werden, mit der Zeit interessante Produkte zur Erzeugung der Gasdichtigkeit werden.

Ein ähnliches aus Algen gewonnenes Produkt, eine Art Polypeptid, das unter dem Namen N o r g i n e als Appreturmittel in den Handel kommt und dessen Derivate zum Teil auch in Alkohol löslich sind, wurde eine Zeitlang in einem Gemisch von Alkohol und Rosmarinöl resp. Lavendelöl zu Gelee gelöst von der *Société Industrielle des Telephones* in Paris für Aeroplanzwecke in den Handel gebracht. Das im Film zu geringen Mengen zurückbleibende Rosmarinöl resp. Lavendelöl sollte infolge seiner antiseptischen Eigenschaften das Vergären des Produktes verhindern; aber die Hygroskopizität blieb, und auch hier schlug man nachträglich einen nicht hygroskopischen Überzug, einen Leinöllack, vor. Auch dieses Produkt hat sich nicht bewährt.

Unter den t i e r i s c h e n E i w e i ß p r o d u k t e n, die in Betracht kommen, steht Gelatine in erster Reihe. G e l a t i n e wurde als Ballonhüllendichtungsmittel von Julhe im Jahre 1912[1]) vorgeschlagen. *Julhe* behauptet, die Frage des effektiven Gasdichtmachens für Ballonhüllen sei durch ihn dadurch gelöst worden, daß er vorschlug, den Ballonstoff einfach mit einem sehr enggewebten Stoff zu dublieren, der mit einer Glyzerin-Gelatinelösung (zu je 9 Teilen Gelatine 1 Teil Glyzerin) getränkt sei. (sic!!) Dadurch falle der Kontakt von Kautschuk und Wasserstoff weg, und die Frage der Wasserstoffimbibition des Gummis sei gelöst. Abgesehen davon, daß Glyzerin-Gelatinelösungen zu den am leichtesten in Fäulnis übergehenden Produkten gehören, schien doch

---

[1]) C. R. Acad. Sc. 1912, 12. Febr.

die Gasdichtigkeit einer Gelatinefolie nicht über jeden Zweifel erhaben und wurde diesbezüglich sorgfältigst untersucht.

Die Untersuchung geschah auf zwei Renardschen Wagen, indem parallel mit der Gelatine auch eine etwas weniger wiegende dampfvulkanisierte Kautschukmembran untersucht wurde: Fig. 46 zeigt das Resultat. Beide Kurven sind typische Saturationskurven. Von Anfang an verläuft der Gasverlust durch die Kautschukmembran so, daß er gleichmäßiger zunimmt; je saturierter die Membran, um so größer der Verlust, jedoch ist diese Zunahme nicht auffallend.

Die Gelatinefolie benimmt sich aber ganz anders: zuerst scheint ein negativer Gasverlust da zu sein, d. h. man würde meinen,

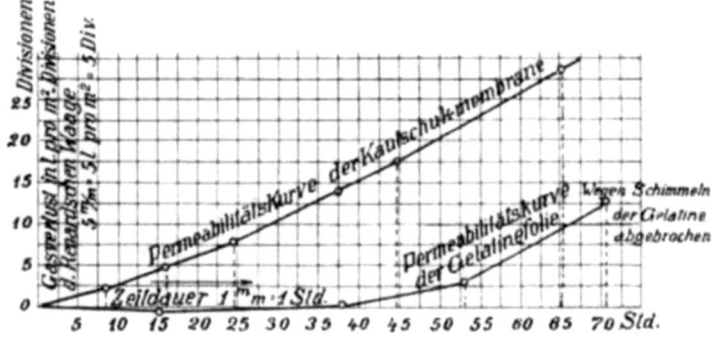

Fig. 46.

Vergleich der Permeabilitätskurve einer 170 g/qm wiegenden Kautschukmembran mit der Permeabilitätskurve einer 180 g/qm wiegenden Gelatinefolie.

es strömt Gas durch die Membran in den Gasbehälter der Wage ein, dann aber verläßt Gas die Wage. Durch Analyse des in die Wage eingeströmten Gases wurde folgendes festgestellt: Die Zusammensetzung des Gasrestes, nachdem Wasserstoff nicht in Betracht gezogen wird, ist wie folgt:

$$35,01\% \text{ O,}$$
$$64,99\% \text{ N.}$$

Die Temperatur war 14,2° C. Nun ist es allgemein bekannt, daß die Luft, die sich im W a s s e r löst, folgende Zusammensetzung hat: Bei 0°: 34,9% O, 65,1% N; bei 15°: 35,2% O, 64,8% N. Das Gas, das in die Wage durch die Gelatinefolie hereinströmte, ist also einfach solche Luft, welche früher in Wasser gelöst war. Die Gelatinefolie hatte von der Luft Wasser aufgenommen; dieses

Wasser löste nun, wie aus der Gasanalyse ersichtlich ist, Luft auf und gab an derjenigen Seite der Folie, an welcher kein Sauerstoffpartialdruck und kein Stickstoffpartialdruck war, die beiden Gase in demselben Verhältnis ab, in welchem sie im Wasser der Folie gelöst waren.

Die scheinbare Anomalie des negativen Verlustes, d. h. des Zuströmens von Gasen, erklärt sich aber durch folgende Beobachtung: Wasserstoff und Luft sind beide in ungefähr gleicher Menge in Wasser löslich. Bloß sind die Temperaturkoeffizienten der Lösungen verschieden. Die Löslichkeit von Luft in Wasser nimmt mit der Temperatur rasch, die des Wasserstoffes langsam ab, wie folgende Tabelle zeigt:

100 Vol. Wasser lösen an	bei 0° C	bei 10° C	bei 20° C
Wasserstoff	1,93 Vol.	1,942 Vol.	1,84 Vol.
Luft	2,47 »	1,953 »	1,70 »

Da die Wage abends geladen wurde und die hydraulischen Verschlüsse mit frischem Wasser versehen wurden, die Temperatur also etwas niedriger als 10° C war, war die Löslichkeit der Luft in dem von der Gelatinefolie absorbierten Wasser größer als die Löslichkeit von Wasserstoff. Später, als die Temperatur sich allmählich steigerte, fiel die Löslichkeit der Luft unter diejenige des Wasserstoffs im Gelatinewasser. Es entstand ein effektiver Wasserstoffverlust durch Osmose. Daß dieser ziemlich bedeutend war, ist wohl darauf zurückzuführen, daß der Wasserstoff in der Wage unter einem Überdruck von ca. 30 mm stand.

Die obige Analyse und die daraus ausschließende Erwägung zeigen aber klar, daß die bei hygroskopischen Produkten beobachtete »Gasdichtigkeit« nur scheinbar ist. Bei 8 bis 10° C, wo die Löslichkeit von Luft und Wasserstoff im Wasser ziemlich den gleichen Wert hat, erfolgt ein gewöhnlicher Gasaustausch, trotzdem eine scheinbare Gasdichtigkeit herrscht. Auch bei 20° C ist die Ausströmungsgeschwindigkeit des Wasserstoffs durch solche hygroskopische Dichtungsmembranen um nur 6 bis 7% größer als die Einströmungsgeschwindigkeit der Luft. Da aber die meist gebräuchlichen Apparate nur den Volumenunterschied zwischen eingeströmten und ausgeströmten Gasen zeigen, die Gaszusammen-

setzungsänderung aber nicht, und diese hygroskopischen Impermeabilisierungsmittel für Ballone nie im großen angewendet wurden, behauptete man immer, daß diese Produkte g a s d i c h t
seien. Dies scheint ja nunmehr nach obigem wohl ziemlich zweifel-
haft. Was hier von den Gelatinen gesagt wird, gilt im allgemeinen
von jedem hygroskopischen Dichtungsmittel, also auch von Chrom-
leime, Kollodium usw.

Als tierischer Eiweißstoff, der für Ballonhüllen wirklich praktische Bedeutung erlangt hatte und im gewissen Sinne noch hat,
ist die G o l d s c h l ä g e r h a u t. Der Ursprung dieses Produktes
und seine Aufarbeitung zu Ballonhüllen wurden schon im Kapitel II
besprochen. In den vierziger Jahren hauptsächlich gelangte die
Goldschlägerhaut zu einer gewissen Bedeutung, da *Margat* daraus
Ballons in verschiedenen phantastischen Formen, Delphinen,
Drachen usw., darstellte. Aber auch später zog die wohl scheinbare Gasdichtigkeit und das trotz großer Festigkeit geringe Gewicht des Materials zur weiteren Verwendung hin. So wurden
die Ballonetts der ersten Z e p p e l i n - Luftschiffe und das bekannte englische Marinelenkluftschiff N u l l i S e c u n d u s, an dem
der berühmte Aviatiker *Cody* viel arbeitete, aus diesem Produkte
hergestellt. Aber auch der Goldschlägerhaut haftet der Fehler
jedes stickstoffhaltigen, eiweißartigen Produktes an: sie neigt sehr
stark zur Fäulnis. Die einmal eingetretene Fäulnis verbreitet
sich dann epidemieartig auf der ganzen Hülle und zerstört sie.
Außerdem ist noch die unangenehme Eigenschaft der Hygroskopizität vorhanden. Man wollte gegen Hygroskopizität durch Zusammenkleben der Häutchen mit ölhaltigen Produkten ankämpfen. Im
D. R. P. Nr. 258644/1910 der B a l l o n h ü l l e n g e s e l l s c h a f t ist ein
Verfahren beschrieben, laut welchem die feine, sorgfältig gereinigte
Oberhaut des Blinddarmes für längere Zeit in eine aus Öl und
Leim bestehende Emulsion gelegt wird und dann die Häutchen
in beliebiger Art übereinander geklebt werden, wobei man der
Emulsion zur Erhöhung der Geschwindigkeit etwas Glyzerin
zusetzt. Zwar ist die Erreichung einer großen Wasserbeständigkeit
nicht erwiesen, wenn sie aber wirklich erreicht werden sollte, so
entsteht unzweifelhaft unter der Leinölhaut in der Goldschlägerhaut eine anaerobe Gärung, welche sicherlich die Hülle ebenfalls
zerstört. Man hat auch vorgeschlagen, die Goldschlägerhaut mit
Antiseptika sowie mit gerbenden Mitteln zu behandeln. Auch dies

führte nicht zum Ziele. Will man die günstigen Eigenschaften der Goldschlägerhaut: Dehnbarkeit und Geschmeidigkeit, beibehalten, so darf man mit den Zusätzen an adstringierenden und antiseptischen Mitteln nicht zu weit gehen; dann aber schützt man ungenügend gegen die Mikroorganismen; geht man weit genug, so wird die Goldschlägerhaut lederartig zäh, ja sogar brüchig und verliert ihre Gasdichtigkeit. Nach dem Mißgeschick des Nulli Secundus dürfte auch die Verwendung der Goldschlägerhaut auch als Impermeabilisationsmittel nicht mehr in Frage kommen.

Eine ebenfalls langsam zur Verbreitung kommende, oft und viel vorgeschlagene Klasse von Dichtungsmitteln sind die Z e l l u - l o s e e s t e r. Unter diesen haben wir diejenigen anorganischer wie auch diejenigen organischer Säuren zu unterscheiden.

D i c h t u n g s m i t t e l a u s a n o r g a n i s c h e n Z e l l u - l o s e e s t e r n. Es kommen hier fast ausschließlich Zelluloseester der Salpetersäure, die sog. Nitrozellulosen (Kollodium), in Betracht. Es gibt verschiedene Qualitäten von Nitrozellulose, die sich untereinander durch die Mengen des mit Zellulose verbundenen Salpetersäurerestes unterscheiden. Je höher der Stickstoffgehalt, um so explosibler sind die Produkte; je geringer, um so leichter sind sie technisch verwendbar. Die Darstellung der Nitrozellulosen erfolgt durch Einwirkenlassen eines Gemisches von Schwefelsäure, Salpetersäure und Wasser auf feine holzstofffreie Zellulose. Gewöhnlich wird feines Zigarettenpapier genommen. Je nach der Konzentration der Säuren, der Dauer der Einwirkung und der Reaktionstemperatur erhält man verschiedene Produkte, die in verschiedenen Lösungsmitteln löslich sind. Aus diesen Lösungen erhält man nach dem Verdampfen des Lösungsmittels einen glasklaren, gasdichten Film, dessen Eigenschaften, Biegsamkeit, Zähigkeit, durch geeignete Zusätze (Rizinusöl) geändert werden können.

Der erste Vorschlag zur Verwendung von Kollodium resp. Zelluloid für aeronautische Zwecke stammt von *Simmonds* aus dem Jahre 1908 (engl. Pat. Nr. 26 682/1908). In diesem Patent wird ein Verfahren zur Erzeugung dünner Zelluloidfolien beschrieben, welche dazu dienen sollen, um daraus Ballonhüllen und im allgemeinen Produkte zu erzeugen, die gasundurchlässig sind. Offenbar dachte er hierbei an die Goldschlägerhaut und betont den Unterschied zwischen dem Bestreichen eines Stoffes mit 0,05 mm dicken Zelluloidfilms und der Goldschlägerhaut. Außerdem kam eine

Zeitlang unter dem Namen »Hart's proofed fabrics« ein englischer Ballonstoff in den Handel, der aus mit Celluloid bestrichener Seide bestand. Die Gasdichtigkeit dieses Produktes, das nach dem engl. Pat. Nr. 18 607/1910 durch Bestreichen vom Stoff am Spreader mit einer Celluloid - Rizinusölgelee dargestellt wurde, ließ ziemlich zu wünschen übrig.

Dem Kollodium haften, was Hygroskopizität anbelangt, dieselben Übelstände an, wie den Eiweißstoffen, da Kollodium selber äußerst hygroskopisch ist. Außerdem aber kommen noch zwei Momente hinzu, die der Verbreitung von Kollodium in der Aeronautik hindernd entgegenwirken: 1. die Explosibilität; 2. die sehr geringe Licht- und Luftbeständigkeit.

Auf Explosibilität von Nitrozellulosen brauchen wir uns ja nicht weiter einzulassen; diese Stoffe bilden ja die Grundlagen unserer Schießpulver.

Weniger bekannt dürfte es sein, daß Nitrozellulose, hauptsächlich in dünnen Schichten verwendet, wie es ja bei einer eventuellen Ballonhülle der Fall sein dürfte (es wurde bisher noch keine Ballonhülle aus Nitrozellulose als Dichtungsmittel dargestellt), sehr lichtunbeständig ist und leicht bei längerer Bestrahlung durch Licht nitrose Gase abgibt, welche dann die Faser des Stoffes angreifen. Es wurde dies auch schon bei einigen Zaponlacken konstatiert, welche, aus Nitrozellulose bestehend, auf Präzisionsinstrumente zum Rostschutz aufgetragen wurden. Der Lackanstrich gab nitrose-Dämpfe ab und beschädigte die Instrumente.

Es wurde versucht, gegen die Feuergefährlichkeit des Produktes durch den Zusatz von Phosphorsäurephenylestern anzukämpfen, jedoch ohne besonderen Erfolg. Phenylphosphate vermindern wohl die Entzündbarkeit der Nitrozellulose, zersetzen sich aber spontan an der Luft und setzen Phosphorsäure in Freiheit. Um der Feuergefährlichkeit zu entgehen, wurde auch das sog. Z e l l o p h a n , eine glyzerinhaltige Hydrozellulose, die aus Viskose gewonnen wird, versucht, jedoch ohne Erfolg. Sie haftet an keiner Unterlage, ist sehr hygroskopisch und wenig haltbar; sie wird in trockenem Zustande leicht brüchig.

Die neueren chemischen Forschungen ergaben aber schon vor etlichen 20 Jahren ein Produkt, das der Nitrozellulose in vielen seiner Eigenschaften ähnlich war, ohne entzündlich zu sein. Dieses Produkt ist die von *Croß* und *Bevan* im Jahre 1892 dargestellte

Azetylzellulose. In den letzten Jahren gelang es, verschiedene
Qualitäten Azetylzellulose herzustellen, die auch, was Stabilität
anbelangt, der Nitrozellulose überlegen sind. Es tauchten dann
verschiedene Vorschläge auf, diese Azetylzellulosen zum Streichen
von Stoffen zu verwenden; der erste, der dies tat, war *Lilienfeld*
im Jahre 1899. Je mehr die Darstellung der Azetylzellulose fortschritt, um so mehr schritt auch deren Verwendung als Stoff-
imprägnierungsmittel vor. Im Jahre 1908 schlagen die Gebr.
Siebert (franz. Pat. Nr. 396 467) das Bestreichen der Stoffe mit
Azetylzellulose vor, um Wachsleinwandersatz zu schaffen, und
im D. R. P. A. Nr. 36615/77 desselben Jahres beschreibt Max *Müller*
für Azetylzellulosefilms ungefähr dieselben Verwendungen, die für
Simmonds im engl. Pat. Nr. 26 682 geschützt waren. Seither
tauchte noch der Vorschlag der Société des Tissus biaisés in Lyon,
franz. Pat. Nr. 427 818 vom Jahre 1910, auf, die das Bestreichen
von Ballons mit einem Mischlack von Azetylzellulose und Kaut-
schuklack, der übrigens unmöglich ist, vorschlägt. Alle diese Vorschläge blieben nur auf dem Papier, bis es Ende 1910 der Société
Emaillite gelang, mit Erfolg einen wegen Gasundichtigkeit verloren gehaltenen Luftkreuzer mit einem speziellen Zelluloseazetat-
lack zu dichten und dadurch wieder gasdicht zu machen.

Das Zelluloseazetat wird durch Einwirkenlassen eines Gemisches
von Essigsäure und Essigsäureanhydrid auf verschieden vorbe-
reitete reine Zellulose (Baumwolle) in Gegenwart von Katalysatoren
(Schwefelsäure) erhalten. Die Baumwolle geht in Lösung, und aus
dieser kann man mit Wasser das Zelluloseazetat ausfällen. Das
so gewonnene Produkt ist chloroformlöslich, aber azetonunlöslich.
Wird dagegen das so gewonnene gelöste Produkt vor dem Fällen
noch nachträglich nach dem von den Farbwerken vorm. F. Bayer
aufgenommenen Verfahren von *Miles* mit Wasser und Mineralsäure
nachbehandelt, um es zu hydratisieren, so erhält man azetonlösliche,
aber in reinem Chloroform unlösliche Produkte. Man suchte hierdurch einen Unterschied zwischen den verschiedenen Azetylzellu-
losequalitäten zu finden. Ein solcher Unterschied existiert in Wirk-
lichkeit nicht. Unterbricht man die Acetylierung und wendet man
vor deren definitiven Ende das Milessche Verfahren an, so erhält
man sowohl in Aceton allein, wie auch in Chloroform resp. Tetrachlorethan allein lösliche Produkte. Je weniger hydratisiert ein
Zelluloseazetat ist, um so leichter ist er in Chloroform, Tetra-

chlorethan, im allgemeinen in mit Wasser nicht mischbaren Lösungsmitteln löslich. Aus diesen Lösungen hinterbleibt nach dem
Verdunsten des Lösungsmittels das Zelluloseazetat in Form eines
klaren Films. Je stärker die Hydratisierung ist (man spricht
hierbei sogar von Hydroazetylzellulose), um so leichter löslich ist
das Produkt in Azeton, Essigäther, ja sogar bei stark abgebauten
Produkten in Alkohol, also in mit Wasser mischbaren Lösungsmitteln. Es gibt aber eine ganze Reihe von Übergangsproduk-
ten, welche sowohl in Chloroform allein, in Tetrachlorethan allein
wie auch in Azeton allein löslich sind; es ist also kein prinzi-
pieller Unterschied zwischen den verschiedenen Arten der Azetylzellulose, bloß ein gradueller. Es sei jedoch bemerkt, daß je
weniger hydratisiert eine Azetylzellulose ist, um so unbeständiger
ist sie, um so weniger haftet der Essigsäurerest am Molekül; aber
um so weniger hygroskopisch ist das Produkt. Je stärker die
Hydratation, um so stabiler ist das Produkt, aber um so stärker
hygroskopisch ist es auch. Deswegen werden in der Praxis die
nichthydratisierten Produkte mit alkalisch reagierenden Stoffen,
die hydratisierten mit wasserabstoßenden Produkten zusammen
verwendet, welche mit dem Zelluloseazetat feste Lösungen bilden,
ähnlich wie Kampfer mit Nitrozellulose (Zelluloid). Diese festen
Lösungen der Zelluloseazetate sind dann zäher und geschmeidiger
als das Zelluloseazetat allein.

Das erste Mal wurde Zelluloseazetat in Form einer solchen
festen Lösung unter dem Namen *Emaillitlack* zum Bestreichen eines
alten Lenkluftschiffes Ende 1910 benutzt. Es wurde das Zelluloseazetat nicht mit dem Spreader, sondern mit dem Zerstäuber aufgetragen, da der Ballon fertig genäht und gefüllt war. Der Ballon,
ein ca. 4550 cbm messendes unstarres Lenkluftschiff aus dampfvulkanisiertem Kautschukstoff, wurde längere Zeit vor dem Bestreichen sowohl in bezug auf Lufteinströmung untersucht, um
später den Vergleich mit denselben Werten nach dem Bestreichen
ziehen zu können, wie auch in bezug auf Gasverlust. Es wurden drei
Beobachtungsperioden eingehalten. Die erste diente zur Feststellung
der Lufteinströmung. Die zweite, während welcher die Nachfüllungen
sorgfältigst gemessen wurden, zur Feststellung der Gasausströmung.
Diese beiden Beobachtungsperioden wurden am unlackierten Ballon
vorgenommen. Dann wurde der Ballon bestrichen. Die dritte
Periode diente der Beobachtung des Effektes der Bestreichung.

Das Verhalten der Hülle in der ersten Periode ist aus der Fig. 47 ersichtlich. Die Hubkraft des Füllgases fiel in 30 Tagen (vom 12. Dezember bis zum 12. Januar) um 187 g pro cbm, d. h. um 6,2 g pro Tag und cbm, was einer Lufteinströmung von 5,1 l pro cbm und einer totalen Lufteinströmung von 23,2 cbm entspricht. Die durchschnittliche Lufteinströmung ist also ungefähr 0,774 cbm pro Tag. Die Kurve weicht auch von diesem Mittelwert nur unbedeutend ab.

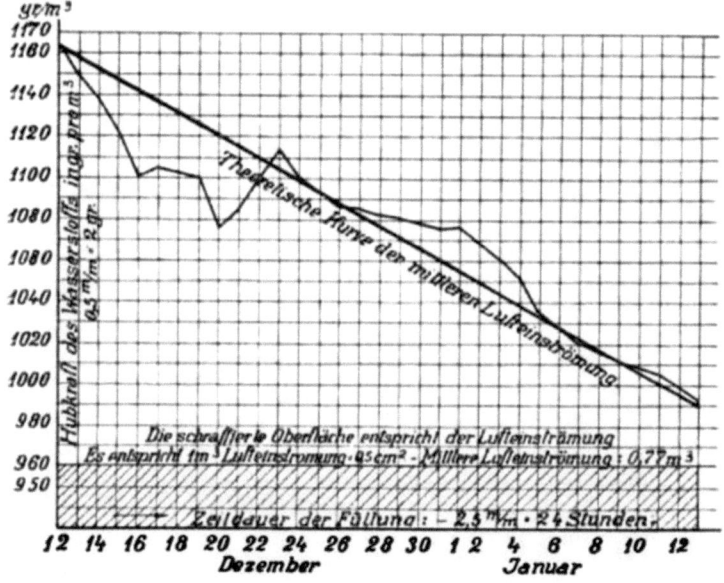

Fig. 47.

Bestimmung der Lufteinströmung (Hubkraftänderung) einer Ballonhülle aus dampfvulkanisiertem Stoff, vor deren Lackierung.

In der zweiten Periode wurde die Nachfüllung mit der größten Sorgfalt gemessen. Die nachgefüllten Mengen sind in der folgenden Tabelle zusammengestellt und in der Fig. 48 graphisch wiedergegeben. Die Neufüllung geschah, indem man jeden Tag in der Frühe soviel Wasserstoff von 1165 g Hubkraft pro cbm in den Ballon einfüllte, daß der Druck der Gashülle 15 mm betrug, also ebensoviel, als er zu Beginn der Füllung hatte. Diese Menge ist gleichwertig mit der in den abgelaufenen 24 Stunden entwichenen Wasserstoffmenge, wenn wir die teilweise Kompensation durch Lufteinströmung vernachlässigen.

Es ergibt sich in diesem Falle wohl kaum die genaue Kompensation von $1/5$ des entwichenen Wasserstoffs durch Luft, da der Wasserstoff 1. unter Überdruck steht; 2. der Wasserstoff ziemlich stark durch Nähte und sonstige Poren entweicht. Vgl. Fig. 48.

Nachgefüllt wurden:

Am 1. Tag der zweiten Periode:	240	cbm,				
» 2. » » » »	400	»				
» 3. » » » »	230	»				
» 4. » » » »	300	»				
» 6. » » » »	100	»				
» 7. » » » »	300	»				
» 8. » » » »	130	»				
» 9. » » » »	300	»				
» 10. » » » »	210	»				
» 11. » » » »	63	»				
» 12. » » » »	200	»				
» 13. » » » »	760	» (Aufstieg)				
» 14. » » » »	400	»				
» 15. » » » »	350	»				
» 16. » » » »	350	»				
» 17. » » » »	200	»				
» 18. » » » »	320	»				

Zusammen 4953 cbm

oder pro Tag 275 cbm.

Untersuchen wir nunmehr die dritte Periode der Ballonfüllung, diejenige, welche nach dem Bestreichen beobachtet wurde. Das Streichen mit dem Emaillitlack wurde beschlossen, nachdem man durch die vorhergehende Periode festgestellt hatte, daß

1. der Ballon täglich 0,53% der Hubkraft seines Füllgases einbüßt;
2. der Ballon täglich 6% seines Volumens an Gas verliert.

Das Bestreichen erfolgte auf den gefüllten Ballon mit einem sog. Aerographen, einem Zerstäuber. Die anfänglich infolge der starken Flüchtigkeit und den niederen Siedepunkt des Lösungsmittels des Zelluloseazetats auftretenden Schwierigkeiten wurden bald durch Ersatz dieses durch schwerflüchtige Lösungsmittel behoben. Das Bestreichen des ganzen Ballons in drei Schichten dauerte mit zwei Arbeitern 4½ Tage. Während dieser Zeit konnte der Ballon aber weiter benutzt werden. Fig. 49 ergibt die gra-

phische Darstellung der Resultate dieser Periode sowohl was die Hubkraft wie auch was das Nachfüllen, also den Gasverlust betrifft. Es
sei zu bemerken, daß bei dieser Periode mit einem sehr schlechten
Füllgas gearbeitet wurde, da am Ende der vorigen Periode ja das
Füllgas ca. 20% seines ursprünglichen Wertes eingebüßt hatte.

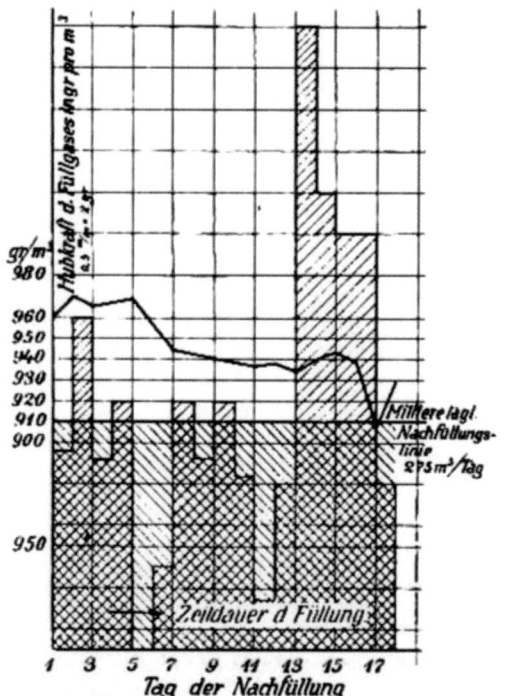

Die \\ schraffierte Oberfläche entspr. d. mittl. tägl. Nachfüllung
1 m³ = 0,5 m/m²
Die // schraffierte Oberfl. entspr. der tägl. Nachf. an H; 1 m³ = 0,5 m/m²

Fig. 48.
Graphische Darstellung der täglichen, sowie der mittleren Gasnachfüllung
eines 4500 m³ Lenkluftschiffes aus dampfvulkanisiertem Stoff.

Was zuerst die Nachfüllungen anbetrifft, so waren diese für
die 25 Tage wie folgt:

Am 4. Tag der dritten Periode: 100 cbm,
» 13. » » » » 400 »
» 15. » » » » 900 »
» 24. » » » » 630 »
» 25. » » » » 126 »

Zusammen 2156 cbm.

Die Nachfüllung betrug also in 25 Tagen kaum die Hälfte des Ballonvolumens, pro Tag im Mittel 86 cbm. Also statt den 6% Gasverlust pro Tag vor dem Bestreichen fällt der Gasverlust auf 1,9%.

Das Bestreichen mit dem Emaillitlack ergab also eine Verbesserung des Gasverlustes auf $^1/_3$ seines früheren Wertes.

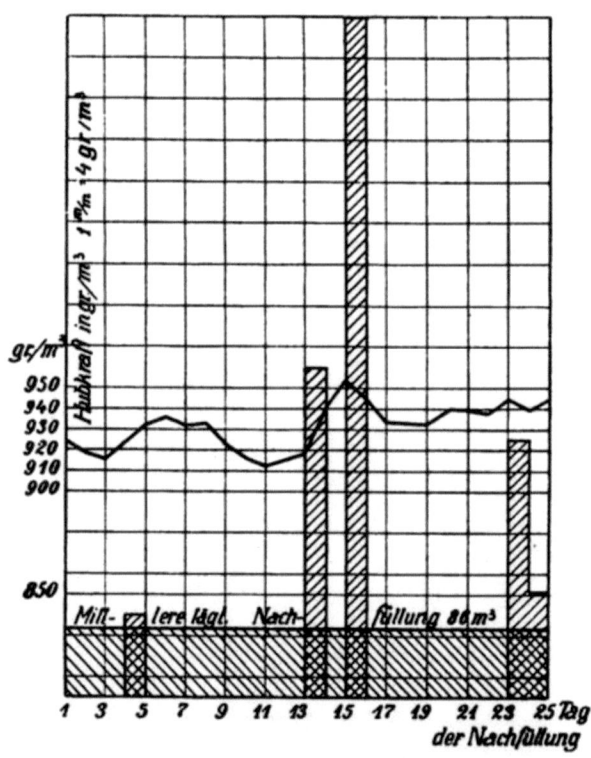

Fig. 49.

Graphische Darstellung der täglichen, so wie der mittleren täglichen Gasnachfüllung des 4500 cbm Lenkluftschiffes der Fig. 48, nachdem er mit einem Emaillitanstrich versehen wurde. Die Schattierungen haben dieselbe Bedeutung wie in Fig. 48.

Die Werte der Hubkraft, die etwas weniger genau sind, da die im Innern des Ballons befindlichen Oberflächen der Luftballonetts nicht bestrichen wurden, sind nicht desto weniger interessant. Ein Einströmen der Luft konnte während der 25 Tage nicht beobachtet werden, denn die Kurve erreichte, abgesehen vom 11. Tag, nirgends das Niveau unterhalb der Hubkraft der ersten 3 Tage. Wenn man die Kurve etwas sorgfältiger betrachtet, fällt es auf, daß einer jedesmaligen Nachfüllung eine sofortige Erhöhung der Hubkraft nachfolgt, was z. B. in der zweiten Periode nicht der Fall war. Enthält also die Hülle nicht den Emaillitanstrich, so strömt Luft ein; erhält aber die Hülle diesen Anstrich, so strömt zwar etwas Gas aus, aber es strömt keine Luft ein — und das nachgefüllte Gas dient zur Erhöhung der Hubkraft des schon vorhandenen Gases.

Die steigende Tendenz der Hubkraftkurve der dritten Periode zeigt übrigens, daß nach 25 Tagen die Hubkraft, welche zu Beginn 924 gr pro cbm betrug, auf 945 gr pro cbm gestiegen war; wenn in die vorhandenen 4550 cbm Gas von 924 cbm Hubkraft 2156 cbm frischer Wasserstoff von 1165 g/cbm Hubkraft hereingemischt wird, so hätte die theoretische Hubkraft 988 g/cbm statt der gefundenen 945 g/cbm betragen sollen; der Unterschied zwischen der Theorie und dem Gefundenen beträgt weniger als 5%. Es steht also fest, daß in den Ballon nach dem Emaillitieren k e i n e L u f t zugeströmt ist.

Die Vorteile des Bestreichens mit dem Emaillitlack ergaben sich als

1. Ausschaltung der Lufteinströmung, infolgedessen Konstanz oder Verbesserung der Hubkraft des Füllgases.
2. Verminderung des Gasverlustes unter $1/3$ des Gasverlustes in unbestrichenem Zustande.

Das so bestrichene Lenkluftschiff machte dann noch während 3 Monaten ständig mehrere Ausfahrten, zusammen 141, und beförderte während dieser Periode über 200 Passagiere. Seither wurden auf diese Art und Weise mehrere Lenkluftschiffe behandelt, so der M IV, der spanische »Espana«, der belgische »Ville de Bruxelles«, ein Parsevalluftschiff der Luftverkehrsgesellschaft und noch andere mehr.

Bei der Untersuchung der Hülle nach der Kampagne fand man das Zelluloseazetat in gutem Zustande wieder, und es wurde zur fabrikatorischen Erzeugung solcher mit Zelluloseazetat impermeabilisierter Stoffe geschritten. Es ergaben sich aber hierbei namhafte Schwierigkeiten, an deren Behebung verschiedene Gesellschaften arbeiten. Die diesbezüglichen Versuche der Ballonhüllengesellschaft mit festen Lösungen von Zelluloseazetat und Arylsulfamidderivaten haben bisher kein praktisches Resultat gezeigt.

Die Arbeiten auf diesem Gebiete sind hauptsächlich durch die Hygroskopizität der Zelluloseazetatschicht erschwert. Man nimmt zu diesem Zwecke solche Zelluloseazetate, die auch in Azeton löslich sind, da die andern Zelluloseazetate zu leicht Essigsäure verlieren. Diese Zelluloseazetate werden dann nach einem besonderen Verfahren auf die Stoffe gestrichen. Um den direkten Kontakt von Luft und Zelluloseazetatschicht zu verhindern, wird Zelluloseazetat auf dublierte Stoffe gestrichen, welche miteinander durch eine dünne Kautschukmembran vereinigt sind. Wäre eine solche dünne Kautschukschutzschicht nicht vorhanden, so wäre

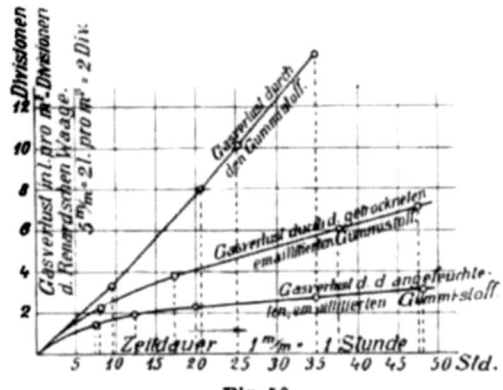

Fig. 50.

Vergleich des Gasverlustes eines gewöhnlichen, kalt-vulkanisierten Lenkballonstoffes mit dem Gasverlust desselben B llonstoffes nach dessen Emaillitierung.

das Benehmen des Zelluloseazetats mit dem der Gelatine identisch, d. h. es würde nur eine scheinbare Gasdichtigkeit herrschen. Aber auch in diesem Zustande mit Kautschuk gekoppelt ist ein solcher Stoff heute noch nicht gänzlich tadellos. Trotzdem er schon einen Fortschritt gegenüber Gummistoffen bedeutet, da die Schwierigkeiten der Steifheit und schweren Nähbarkeit, die anfangs auftraten, schon behoben wurden, wird die Zelluloseazetatschicht nur dann wirklich gasdicht, wenn sie leicht angefeuchtet ist. Fig. 50 zeigt eine solche Gasdichtigkeitskurve von einem mit Spezialballonemaillit bestrichenem, dubliertem Kautschukstoff neben der Kurve desselben Stoffes ohne Emaillitüberzug. Als hydraulischer Verschluß der Wage wurde Wasser genommen. Es ist leicht zu ersehen, daß, während die Kurve des Kautschukstoffs den normalen Verlauf einer Gasadsorptionskurve nimmt, der bestrichene Stoff zuerst mehr und dann, nach der Anfeuchtung, d. h. nachdem aus dem Wasserverschluß etwas Feuchtigkeit aufgenommen wurde, weniger verliert und fast gar nichts, wenn die Schicht direkt aufgefeuchtet wird.

Aber schon in diesem Zustande würde ein solcher Ballonstoff aus den oben angeführten Gründen Vorteile gegenüber dem gewöhnlichen Kautschukballonstoff bieten. Zum Verbinden der beiden Stoffe werden nur 50 bis 60 g Kautschuk pro qm genommen. Dieser wirkt nur klebend für die Stoffe und wasserabstoßend; es wird nicht mit seinen gasdichten Eigenschaften gerechnet, dies wird ja von der Zelluloseazetatschicht ziemlich günstig besorgt.

Ganz vollkommen würde aber die Frage erst gelöst werden, wenn es gelingt, absolut gasdichte Produkte auch ohne Anfeuchtung zu erhalten.

Ähnliche Kombinationen, zwischen Leinöl und Kautschuk für dieselben Zwecke, hatte schon *Michelin* seinerzeit vorgeschlagen.

Zelluloseacetatlacke können auch zum Streichen der äußersten Stoffhülle starrer Lenkluftschiffe gebraucht werden, wo man eine straff gespannte Oberfläche braucht, — so wie dies beim »Spieß«, einem französischen starren Luftschiff, geschah.

VII. Kapitel.

Die Leinöllacke für Ballons. Ihr Aufstreichen. Ihre Darstellung. Ihre Fehler. Erwärmung bei der Packung und deren Gründe. Öle ohne Sikkativ. Ultraviolettöle.

———

Besser als Kautschuk hat sich entschieden für Dichtungszwecke der Leinölfirnis bewährt. Schon 1783 wurde Leinöl zum Bestreichen des Charles- und Robertschen Ballons benutzt. Man war von der so erhaltenen Gasdichtigkeit geradezu entzückt.

Zur Bereitung der Leinöllacke kommen hauptsächlich drei verschiedene Hauptbestandteile zur Verwendung:

1. Eingedicktes Leinöl.
2. Feste Harze oder Wachse.
3. Lösungsmittel.

Als eingedicktes Leinöl verwendet man eine Reihe von verschiedenen Produkten. Man kann nämlich Leinöl durch Kochen oder sogar durch einfaches Erhitzen eindicken, d. h. polymerisieren; geschieht dieses Erhitzen nicht bis zum Flammpunkt, so erhält man eine schwerflüssige Masse, die den Namen Dicköl, Standöl oder Lithographenfirnis hat. Durch diese Erhitzung erfolgt nämlich eine Polymerisation, ein Zusammentritt mehrerer Molekel des Leinöls zu einer einzigen. Dieses Verfahren hat nur den Zweck, die Dickflüssigkeit der Masse, d. h. die Polymerisation, die Vergrößerung der Molekel, also ihre geringere Angreifbarkeit, herbeizuführen. Die Trockenfähigkeit eines solchen nur durch einfaches Erhitzen polymerisierten Öles ist nicht größer als die Trockenfähigkeit leichtflüssiger, nicht gekochter Öle.

2. Man kann Leinöl auch durch gleichzeitiges Erhitzen und Oxydieren eindicken. Dies geschieht durch sorgfältiges Erhitzen

des Leinöls und Hindurchblasen von Luft. Salze von Metallen, welche mehrere Oxydationsstufen haben, wie Blei, Mangan, Kobalt, haben die Eigenschaft, die Fixierung des Sauerstoffs an dem Leinöl katalytisch zu beschleunigen. Man nennt solche Metalloxyde oder ihre Salze Sikkative. Die so bereiteten Leinölfirnisse haben eine starke Verwandtschaft zum Sauerstoff; sobald sie in großen Oberflächen mit der Luft in Kontakt kommen, nehmen sie Sauerstoff auf und trocknen rasch zu einer dünnen, elastischen Haut ein; diese Haut wird aber mit der Zeit immer härter, harzartiger, brüchiger, da die Oxydation immer weiter geht. Endprodukt der Oxydation ist das sog. Lynoxin.

3. Man kann auch Leinöl einfach, ohne Erhitzen, durch Licht und Luft, eindicken, also oxydieren und polymerisieren. Diese Operation wird heute in der Technik mit Hilfe der sog. ultravioletten Strahlen ausgeführt. Diese werden mit den sog. Quarzglasquecksilberdampflampen (von der Westinghouse-Gesellschaft gebaut) oder mit den sog. Uviollampen, von der Firma Schott & Gen. in Jena erzeugt, hergestellt. Die chemisch aktiven Strahlen werden nämlich durch im Vakuum glühenden Quecksilberdampf erzeugt, aber von gewöhnlichem Glas zurückgehalten, jedoch von Quarzglas oder von eigens so hergestellten Spezialgläsern, wie Uviolglas, durchgelassen. Diese Strahlen wirken auf das Leinöl ebenso polymerisierend wie Hitze, ohne dabei schädliche Nebenwirkungen (Bräunen des Produktes, teilweises Verseifen der Glyzeride usw.) der Hitze hervorzurufen. Sie fixieren auch Sauerstoff auf das Öl. Man kann in dieser Art sehr schöne helle, oxydierte Leinölfirnisse erzeugen.

Es dürfte wohl einiges über den Chemismus und die Technologie dieses wichtigen Rohmaterials, des Leinöls, von Interesse sein. Leinöl wird aus dem Samen des Leines (Linum usitatissimum) durch Pressen oder Extraktion erzeugt. Der Leinsamen wird gesiebt, auf Kollergängen zerkleinert oder auf Walzenstühlen vermahlen und dann zwischen geheizten Platten einer hydraulischen Presse ausgepreßt. Dieses Produkt, das Preßöl, ist schön zitronengelb und hat einen angenehmen Geruch. Der Preßkuchen wird noch in Spezialapparaten mit flüchtigen Lösungsmitteln (Benzol, Benzin, Schwefelkohlenstoff, Trichloräthylen) extrahiert. Das so gewonnene »Extraktionsöl« ist von minderer Farbe und geringerem Wert als das Preßöl.

Das gepreßte Öl wird durch Lüftung, Zentrifugieren, Absitzenlassen, Fällen mit Alkalihydrosilikaten, Filtrieren, Belichten mit ultraviolettem Licht von den in ihm suspendierten schleimigen Pflanzenstoffen befreit und kommt dann als Leinöl in den Handel. Das Handelsleinöl besteht hauptsächlich aus dem

Triglyzerid der Linolensäure und der Isolinolensäure:

$$CH_2 \cdot O \cdot CO\,C_{17}\,H_{29}$$
$$CH \cdot O \cdot CO\,C_{17}\,H_{29}$$
$$CH_2O \cdot CO \cdot C_{17}\,H_{29},$$

dann aus dem

Triglyzerid der Linolsäure:

$$CH_2\,OCO\,C_{17}\,H_{31}$$
$$CH\,OCO\,C_{17}\,H_{31}$$
$$CH_2\,OCO\,C_{17}\,H_{31},$$

die zusammen ca. 65% seines Gehaltes ausmachen; außerdem enthält es etwas freie Fettsäuren und auch die Glyzeride der Palmitin-, Myristin- und Ölsäure.

Die chemischen Vorgänge, die für die Verwendung des Leinöls charakteristisch sind, spielen sich an den Glyzeriden der Linolen- und Linolsäuren ab.

Diese Stoffe sind Fette mit mehreren doppelten Bindungen oder, wie man sich ausdrücken kann, mit latenten Valenzen. Sie addieren Jod; die aufgenommene Menge Jod dient zur Bestimmung einer der chemischen Charakteristika des Leinöls — der Jodzahl. Durch Erhitzen vereinigen sich diese Valenzen miteinander und verkoppeln auf diese Art und Weise zwei oder mehrere Molekel; dies ist die Polymerisation.

Wird diese Verkoppelung mittels Sauerstoff ausgeführt, so ist dies die oxydative Polymerisation. Durch gewöhnliches Stehenlassen an der Luft nimmt Leinöl an den Doppelbindungen Sauerstoff auf und trocknet zu einer halbstarren kautschukähnlichen, jedoch bröckeligen Masse, das sog. Lynoxin, ein. Dieser Prozeß, der 3 bis 4 Tage dauert, kann, wie schon beschrieben,

1. durch Zusatz von Katalyten (Metalloxyde),
2. durch vorherige teilweise Sättigung der Doppelbindungen, durch Oxydation,

3. durch vorherige teilweise Sättigung der Doppelbindungen durch Polymerisation,

4. durch Kombinieren dieser drei Verfahren

beschleunigt werden.

Beim Eintrocknen des Leinöls geht also meistens eine Oxydation vor sich. Trocknet aber Leinöl in Gegenwart von Licht ein, so wird diese Oxydation auch von einer teilweisen Polymerisation begleitet. Je rascher die Oxydation erfolgt, um so langsamer erfolgt das Zusammenschließen der Molekel, um so weniger Produkt bleibt zur Polymerisation übrig. Das Endprodukt der Oxydation ist ein harzartiger brüchiger Körper; es muß die Darstellung von Ballonfirnissen so geführt werden, daß dieser Körper möglichst vermieden wird. Das Endprodukt der Polymerisation ist unbekannt, auch wahrscheinlich nicht zu erforschen; es dürfte eine gelatinöse Masse bilden. Es müßte also der Ballonfirnis so dargestellt werden, daß er eher Neigung zum Weiterpolymerisieren als Neigung zu starkem raschen Oxydieren habe. Man muß also einen Teil der Doppelbindungen im Leinöl möglichst ohne Zuhilfenahme von Sauerstoff absättigen, d. h. polymerisieren.

Dies erfolgt durch Eintrocknen o h n e Lufteinblasen, und man muß den Zusatz von Sikkativen, welche zu brüchigen Häuten führen, möglichst vermeiden. Unter der Einwirkung des Lichtes geht sowohl der Polymerisations- wie auch der Oxydationsprozeß weiter; es muß möglichst wenig Gelegenheit zur Erstehung des letzteren gegeben werden.

Man nehme also als Grundlage der Ballonfirnisse das sog. Dicköl oder, wenn möglich, ohne Lufteinblasen dargestellte Ultraviolettöl.

Der älteste Ballonlack war derjenige von *Conté*; er bestand aus:

gekochtem Leinöl,
Kautschuk,
Bienenwachs,
Terpentinöl und
ungekochtem Leinöl.

Die Ballone wurden mit dieser Masse gestrichen, mit Luft aufgeblasen und wochenlang getrocknet.

Heute verwendet man möglichst strengflüssige Dicköle, zu denen statt Wachs oder Kautschuk ganz geringe Mengen geschmolzenen Kopals und Spuren von Sikkativ zugesetzt werden und

die mit $^1/_5$ ihres Volumens durch Terpentinöl oder Benzin ver-
dünnt sind.

Man streicht sie auf, indem der Ballon, ( )-förmig gefaltet, auf
einen 8 bis 10 m langen Tisch gelegt wird; der Lack wird auf dem
Wasserbade erhitzt, um ihm seine Strengflüssigkeit zu nehmen,
und auf Wattebauschen geschüttet, mit welchen die Arbeiter den
Lack in den Stoff einreiben. Ein Arbeiter macht ungefähr 8 bis
10 qm pro Tag. Der gewöhnliche Ballonperkal, ein Baumwollstoff von ca. 85 g Gewicht pro qm, mit 39 Fäden in Schuß und
42 Fäden in Kettenrichtung, Rißfestigkeit ca. 1000 kg/m, nimmt
in der ersten Schicht 100 bis 110 g Lack auf. Ist eine Falte fertig,
so wird sie umgelegt und das Einreiben auf der nächsten Falte
weitergeführt. Nachher wird der Ballon mit Luft aufgeblasen,
in einer hohen Halle aufgehängt und 3 bis 4 Tage stehen gelassen.
Nun folgt das Einreiben der zweiten Schicht, bei der der Stoff
nur 60 g pro qm aufnimmt. Bei der dritten Schicht, der ein Trocknen
von 4 bis 5 Tagen vorangeht, ist die Gewichtszunahme nur 40 g
pro qm. Oft wird noch eine vierte Schicht mit einem mehr Kopal
und mehr Sikkativ enthaltenden Lack gemacht, der in 2 Tagen
trocknet. Dieser wird, um einem zu raschen Erwärmen in ge-
faltetem Zustand zu entgehen, worüber wir weiter unten sprechen,
noch mit einer dünnen Schicht gewöhnlichen Leinöls. eingerieben
und 8 Tage stehen gelassen.

Wenn der Ballon während des Trocknens undicht wird und
zusammenfällt, so kommt es oft in denjenigen Stellen, die mit
Luft und Licht nicht im Kontakt waren, vor, daß der Lack ganz
braun wird und wie verbrannt aussieht; dies ist darauf zurückzuführen, daß das Leinöl den Luftsauerstoff in Form von Peroxyden
aufnimmt und das Linolensäureperoxyd unter dem Einfluß des
Lichtes einen Teil dieses Sauerstoffs langsam an unoxydierte
Stellen abgibt; ist Licht ausgeschlossen, so geht, da keine Möglichkeit zum Weitergehen des Sauerstoffs da ist, an der aufgenommenen Stelle die Oxydation weiter, es beginnt eine langsame
Verbrennung, die sich durch Bräunung äußert. In diesem Falle
muß man den Ballon entfirnissen. Man kocht ihn während
einiger Stunden in 15° Be′ enthaltender Natronlauge und walkt
ihn gründlich aus.

Statt Baumwolle verwendet man auch Pongeeseide als
Ballonstoff; dies hat insofern einen Vorteil, daß Seide gegen die

freien Säuren des Leinöls, und diese sind immer vorhanden, widerstandsfähiger ist als Baumwolle, die durch die Säuren mürbe wird. Seide hat aber gegenüber Baumwolle den Nachteil, eine größere Oberfläche zu bieten und infolgedessen zur Selbsterwärmung, der den größten Fehler der Leinöllacke bildet, beizutragen. Wie weit die Zerstörung der Baumwollfaser durch die Säure des Lackes gehen kann, sieht man speziell bei älteren, lange zusammengelegt gewesenen Ballons, die, infolge Selbsterwärmung gebräunt, oft durch einen leichten Ruck zwischen Daumen und Zeigefinger zerrissen werden können.

Die Selbsterwärmung des gefirnißten Ballons ist hauptsächlich auf die intermediäre Bildung von Peroxyden der Linolsäure und der Linolensäuren zurückzuführen. Wie schon oben bemerkt wurde, addieren die Doppelbindungen organischer Körper nicht Sauerstoff in Atomform, sondern in Molekularform und bilden Peroxyde. Die oxydieren dann in Gegenwart von Licht und eventuell Luft die sie umgebenden Materialien und reduzieren sich selber zu Oxyden. Durch diesen Prozeß wird Wärme verbraucht. Wird aber nach der raschen Peroxydbildung die Weiteroxydation der nicht peroxydierten und oxydierten Materialien durch Abschluß von Luft, also durch Falten und Packen des Ballons nach einer langen Tagesfahrt in neuem Zustande oder durch zu langes Verpackthalten des Ballons gehemmt, so wird die fixierte Sauerstoffmenge nicht auf die Umgebung, sondern auf die schon oxydierte Molekel weiter übertragen, diese Molekel also überoxydiert, mit einem Worte verbrannt. Diese Verbrennung läßt sich durch Bräunung des Lackes und brenzlichen Geruch bemerken, kann aber bis zur effektiven Selbstentzündung und Flammenverbrennung führen.

Alle Umstände, die der Autoxydation behilflich sind, sind auch Gründe der Selbsterwärmung resp. Selbstentzündung. Eine der Hauptsachen ist die Oberfläche. Die Baumwollgewebe haben eine geringere Oberfläche für dieselbe Menge Leinölhaut wie die Seidengewebe. Infolgedessen oxydieren sich die Seidengewebe, die aus unendlich viel feinen Fasern bestehen, leichter.

Die Gegenwart von Katalyten beschleunigt ebenfalls die Oxydation; also sind Sikkative in Ballonlacken ungünstig. Je leichter die Hülle sich abkühlen kann, um so weniger neigt sie zur Entzündung.

Manche Oxydationsprodukte des Leinöls, die so bei Licht-abschluß entstehen, sind flüssig, wodurch die ganze Hülle eine äußerst klebrige Beschaffenheit erhält; dies ist nun für die Gas-dichtigkeit insofern günstig, als nur b r ü c h i g e Leinölfirnisse Gasverluste haben; aber die Manipulierbarkeit des Ballons wird hierdurch ziemlich beeinträchtigt. Man kann diesem Übel dadurch abhelfen, daß man den Ballon mit Talgpulver sorgfältig bestreut. Dies hat aber natürlich den Nachteil, daß es den Ballon sehr beschwert.

Ein guter Ballonfirnis, der in 4 bis 5 Schichten aufgetragen wird, verursacht also eine sehr umständliche Fabrikation, die unter Umständen bis zu 3 Wochen dauern kann; bevor aber der Ballon wirklich den Zustand erhalten hat, in dem er ohne allzu große Gefahr gebrauchbar ist, d. h. bis der Leinöllack seinen definitiven Zustand erhalten hat, vergehen oft Monate. Während dieser Zeit ist er aber bei der geringsten Unachtsamkeit in der Behandlung oder infolge des geringsten Fehlers bei der Herstellung der Ballone infolge Brüchigwerdens der Schicht, ihrer Entzündung oder ihres Klebrigwerdens dem Verlust geweiht.

Ist nun diese erste Periode glücklich überstanden, so hat man einen vorzüglichen Ballon, der als Nachteil nur die durch die Leinölsäuren zu befürchtende Angreifbarkeit des Textilmaterials hat.

Dieser Ballon darf aber nicht einfach in einem Korbe gelagert werden; er muß wenigstens einmal im Monat mit Luft gefüllt und zweimal im Jahre gründlich untersucht werden.

Einen anderen Nachteil bietet die schwere Reparierbarkeit eines gefirnißten Ballons. Während man auf Gummistoffballons einfach bei einem Riß auf die Naht einen Stoffstreifen aufklebt, muß ein gefirnißter Ballon, wenn er einen Riß hat, sorgfältigst genäht, die genähte Stelle von außen gefirnißt und von innen verklebt werden. Das Verkleben geschieht mit einer Masse, die erhalten wird, wenn man ein Amylazetat-Leinölgemisch längere Zeit (5 bis 6 Stunden) am Rückflußkühler kocht und Luft oder Sauerstoff durchbläst, dann der Masse Kanadabalsam in Chloro-form gelöst zusetzt. Diese Paste wird auf die genähte Stelle auf-gestrichen, mit dem Ballonstoff von innen her bedeckt und dieser dann nochmal gefirnißt. Der Gasdruck preßt den Fleck somit auf die Rißstelle hin.

Dieser Idee folgend, hat auch schon längst die italienische Militärverwaltung das Lackieren der Militärballone von innen vorgenommen, worin auch bald die französische Militärverwaltung folgte. Das Prinzip bei dieser Methode ist, daß das Gewebe in eine Schicht von Leinöllack eingebettet sei, daß aber die innere Schicht dicker als die äußere Schicht sein muß. In Italien bestreut man den fertig gefirnißten Ballon vor dem Trocknen noch mit Aluminiumpulver (*Gavazzi* in Mailand). Ein Ballonstoff aus chinesischer Pongeeseide wiegt in den verschiedenen Lackierungsstadien (nach *Espitallier*) wie folgt:

Gewicht pro qm		Zuwachs: Leinölgewicht	
vor dem Lackieren . .	80 g	0 g	
nach der 1. Schicht .	220 g	140 g	
» » 2. » . .	265 g	45 g	Totalzuwachs
» » 3. » . .	295 g	30 g	238 g
» » 4. » . .	310 g	15 g	
eine 5. Schicht Olivenöl	318 g	8 g	

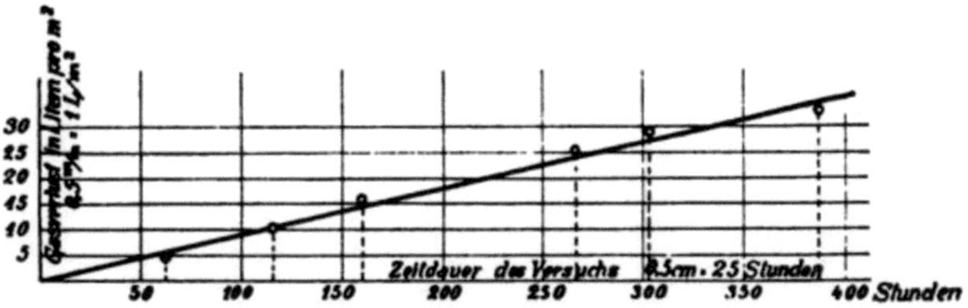

Fig. 51.
Gasverlustkurve eines mit Leinölfirniß gestrichenen Percals.

Der Vorteil der Arbeitsweise des Lackierens ist, daß man bei der Abdichtung der Nähte ganz sicher ist, was bei gummierten Ballons nicht immer der Fall ist.

Ein solcher mit Leinöl gefirnißter Stoff hat eine vorzügliche Gasdichtigkeit, die nur von der Goldschlägerhaut übertroffen wird, hat aber dieser gegenüber den Vorteil, nicht hygroskopisch zu sein.

Fig. 51 ergibt den Gasverlust eines gefirnißten Perkals, auf der Renardschen Wage gemessen. Es ergibt einen durchschnittlich gleichbleibenden, mittleren Gasverlust von 2½ l pro qm und 24 Stunden, also ungefähr ⅓ des Gasverlustes von gleichwiegenden Gummistoffen. Einen anderen Vorteil besitzt Leinöl noch gegenüber Gummistoffen sowohl wie Goldschlägerhaut. Es erfolgt keine

Gasverschlechterung. Die Gasanalyse des in der Wage während der 13 Tage des obigen Versuches eingeschlossenen Wasserstoffs ergab:

Am 1. Tag 2 Stunden nach dem Füllen: 95,2% H,
» 3.   94,6 » »
» 5.   94,8 » »
» 7.   95,1 » »
» 9.   95,2 » »
» 11.   94,9 » »

Es ist also keine Luft eingeströmt, die Unterschiede in den Bestimmungen sind nur Versuchsfehler.

Trotz all diesen vorzüglichen Eigenschaften, die sogar in neuerer Zeit zu versuchsweisen Nachlackierungen von undicht gewordenen Gummikugelballons führten, scheint der Leinöllack nicht mehr der Konkurrenz der anderen Impermeabilisierungsmitteln standhalten zu können, es sei denn, daß der durch Ultraviolettstrahlen erzeugte Leinölfirnis in der Praxis nicht die Nachteile der jetzigen Firnisse haben wird. Er wird hauptsächlich in Frankreich versucht.

VIII. Kapitel.

Die chemisch-physikalische Kontrolle einer Ballon-füllung. Ballonkurven. Verfahren zur Bestimmung, ob Luft durch Löcher oder Adsorption eintritt.

Wir haben bisher das Gas und die Hülle untersucht, ohne von der Kontrolle ihres gegenseitigen Benehmens in der Praxis gesprochen zu haben.

Dieses gegenseitige Benehmen von der fertigen Hülle zur Füllung ist aber, speziell bei lang in Füllung bleibenden Lenkluftschiffen, von großer Wichtigkeit, da hieraus oft Schlüsse über Nachschub von Gasen, über eventuelles Undichtwerden von Hüllen, ohne daß die betreffende Stelle sichtbar wird, gezogen werden können.

Schück hatte im Jahre 1910, in Gemeinschaft mit *Caro*, durch Analyse des Gases am Ballon »Reiher« (Deutsche Zeitschr. f. Luftschiffahrt, Heft 8, 1911) festgestellt, daß die in den Ballon hineindiffundierte Luft sich mit dem Wasserstoff nicht absolut vermischt, sondern unter dem Wasserstoff geschichtet bleibt. Dies ist richtig. Trotzdem aber enthält der Wasserstoff, wie Schück fand, immer Luft, in der die Verhältnisse der Komponenten sich nicht nach den im Kapitel IV besprochenen Normen verhalten, und schreibt die Lufteinströmung der Diffusion zu. Seine Befunde sind mit der Grahamschen Theorie sowie mit dem weiter unten folgenden Resultaten im Widerspruch. Analysenbelege über stark verunreinigte Gase fehlen bei ihm.

Um einen in Füllung befindlichen Ballon richtig kontrollieren zu können, ist das Aufstellen der sog. *Ballonkurve* von Wichtigkeit.

Diese Ballonkurve ist das graphische Tagebuch eines Ballons.

Ein solches ist in den Fig. 52 u. 53 abgebildet. Das erstere ist die Kurve eines 8900 cbm großen Pralllenkluftschiffes, das aus dampfvulkanisiertem Stoff gebaut war. Man notiert jeden Tag oder auch jeden zweiten Tag:

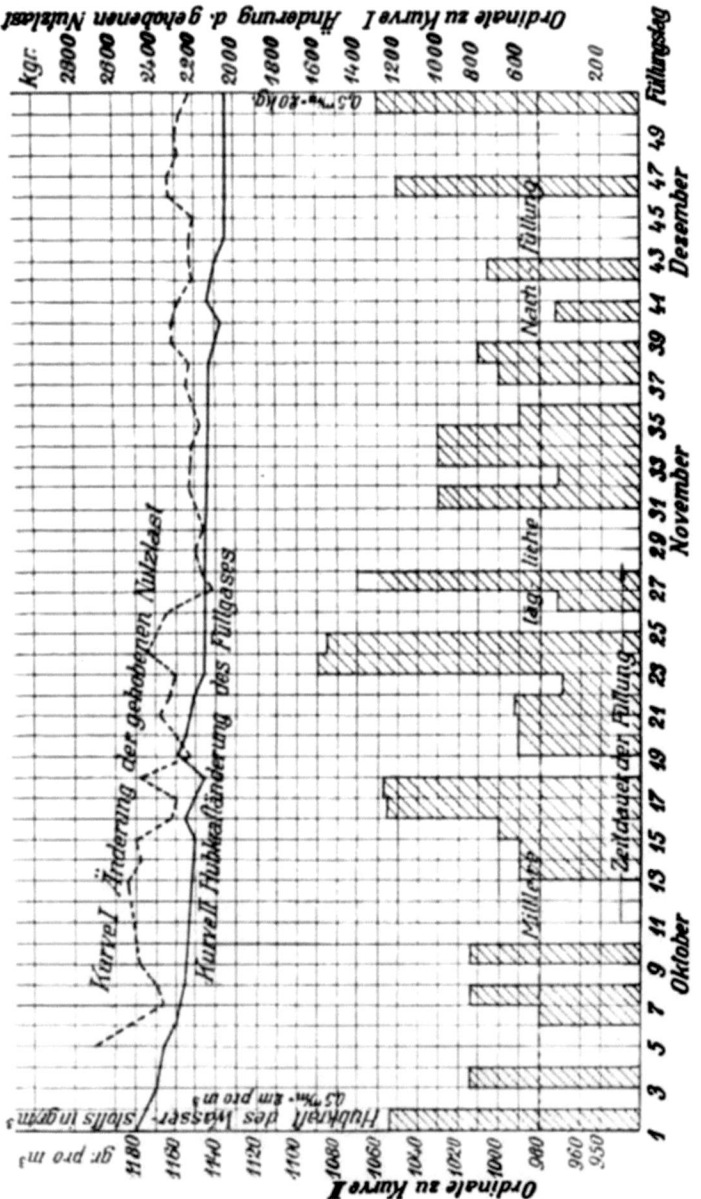

Fig. 52.

Typische Ballonkurve enthaltend: die Änderung der Füllgas-Hubkraft, der Nutzlast und die Nachfüllungen.
Ballon von 8900 cbm aus dampfvulkanisiertem Gummistoff.
Die schraffierten Oberflächen entsprechen den täglichen Nachfüllungen, wobei 1 cm³ = 16 cbm ist,

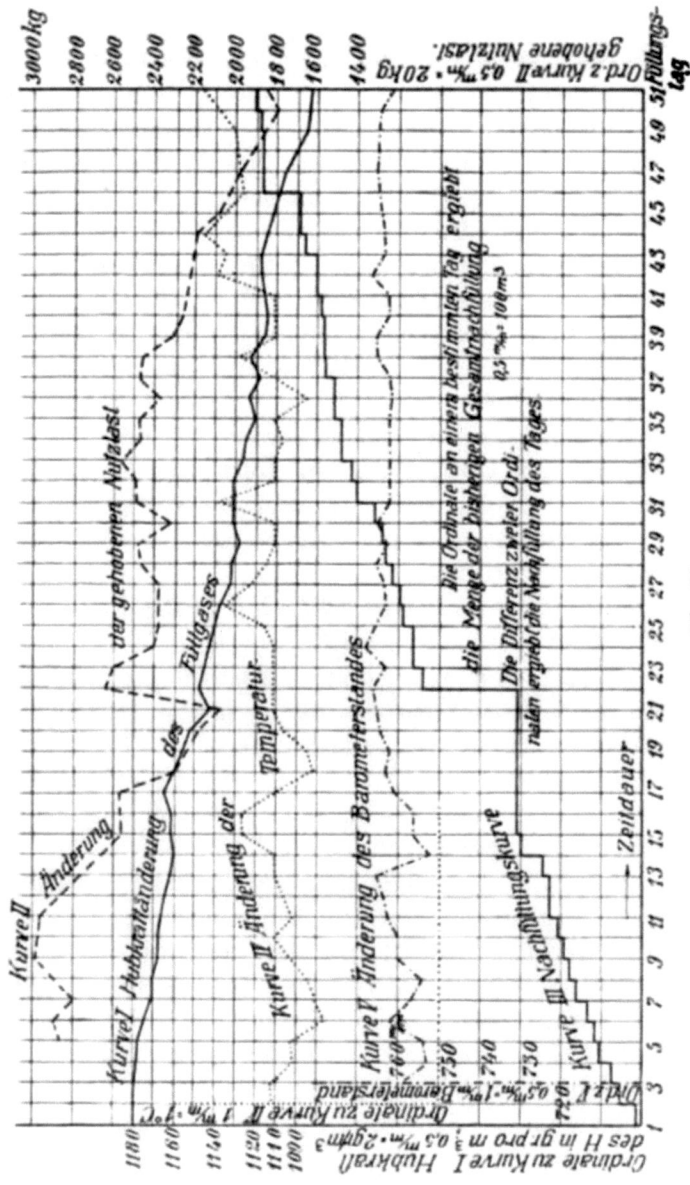

Fig. 53.

Komplette Beobachtungskurve eines 6000 cbm Lenkballons aus kaltvulkanisiertem Stoff, während einer 50 tägigen Kompagne im Sommer.

8*

1. die Hubkraft des Gases,
2. die verfügbare Nutzlast,
3. die Nachfüllung,
4. die Temperatur und den Barometerstand.

Diese Bestimmungen sollten durch das technische Personal des Ballons erfolgen, und zwar genügt die Hubkraftbestimmung mit dem *Elster-Schilling*schen Apparat, obwohl die dadurch ermittelten Werte um 5 bis 7% um den richtigen Wert schwanken. Die verfügbare Nutzlast wird durch den Ballast gewogen, die Nachfüllung kann durch die Anzahl Bomben komprimierten Wasserstoffs, die zur Nachfüllung verwendet werden, und bei einer Wasserstoffanlage durch die üblichen Methoden (Gasuhr usw.) bestimmt werden.

Man trägt die so erhaltenen Zahlen als Ordinaten, die Zeitdaten als Abszissen auf.

Auch eine andere Art der Ballonkurve läßt sich aufstellen, speziell dort, wo mit Lenkluftschiffen Tourenfahrten ausgeführt werden, um graphisch den seit dem Beginn der Kampagne verbrauchten Nachfüllungswasserstoff zu bestimmen. Eine solche Kurve haben wir in der Fig. 53.

Diese bezieht sich auf ein ca. 6000 cbm großes Pralluftschiff, das aus kaltvulkanisiertem Stoffe gebaut war.

Aus diesen Kurven lassen sich ganze Reihen von interessanten Folgerungen ziehen, wenn man sie nur sorgfältig beobachtet.

So z. B. sehen wir aus den beiden Kurven der Fig. 54, deren erste die Abnahme der Nutzlast, die andere die Abnahme der Hubkraft des Gases anzeigt, daß diese fast gänzlich parallel sind, daß also die Nutzlastabnahme direkt proportional mit der Hubkraftabnahme des Gases ist. Da nun die Hubkraftabnahme von nichts anderem abhängt als von dem Einströmen der Luft in die Hülle und sehr wenig vom Ausströmen des Gases, welches ja wieder nachgefüllt wird, was ja aus der Kurve auch ersichtlich ist, so schließen wir daraus, daß bei Militärballons, z. B. wo es weniger auf den Preis der Betriebsmittel als auf die immer möglichst vollkommene Betriebsbereitschaft ankommt, es besser ist, kaltvulkanisierte Stoffe anzuwenden, deren Überlegenheit, was das Einströmen der Luft betrifft, schon im Kapitel IV S. 70 nachgewiesen wurde.

Den Einfluß der Temperatur auf die verschieden vulkanisierten Stoffe ersehen wir ebenfalls aus diesen Kurven, wie schon im Kapitel IV (Fig. 32 u. 34) S. 68 angeführt wurde.

Die Temperatur hat sonach weniger Einfluß auf die Luftdurchlässigkeit dampfvulkanisierter Stoffe.

In der Fig. 48 sehen wir, wieviel der in der Fig. 54 charakteri-
sierte Ballon, der mit dem der Fig. 48 identisch ist, in einer gewissen Periode an Nachfüllung erhalten hat. Wir sehen daraus,

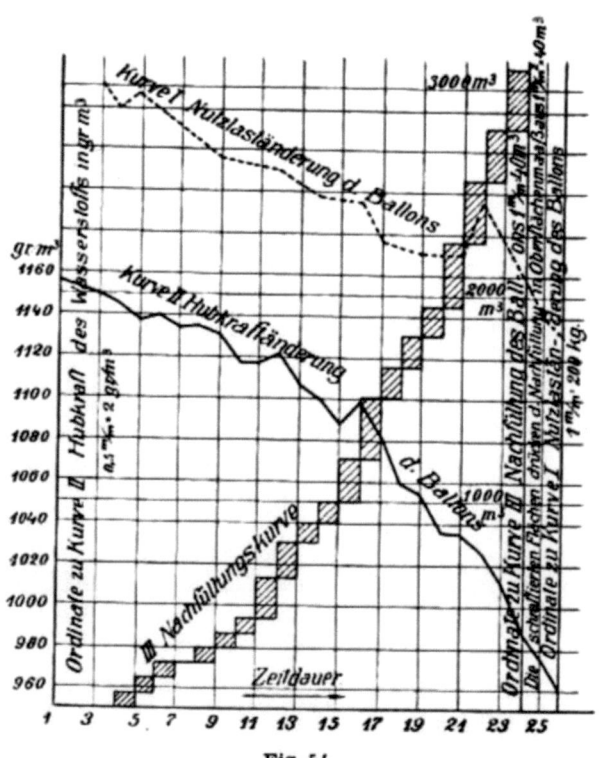

Fig. 54.

Parallelismus zwischen Lufteinströmung (= Hubkraftabnahme)
und Nutzlaständerung des Ballons der Fig. 47.

ebenso wie aus der Fig. 54, daß die Nachfüllung mit der Zeit steigt,
wie es auch die Adsorptionstheorie erheischt. Trotzdem aber fällt
stetig die Hubkraft des Ballons und mit ihr die Nutzlast; dasselbe
ersehen wir aus Fig. 54; zwar entspricht einem jeden stärkeren
Nachfüllen eine momentane Steigerung der Hubkraft, da dem
unreinen schweren Wasserstoff leichter reiner Wasserstoff zugefügt
wird, aber im allgemeinen sieht man, daß das Nachfüllen die fallende
Tendenz der Nutzlastkurve nicht auf die Dauer ändern kann.

Die Kurven zeigen uns also die wichtige Folgərung, daß die Änderung der gehobenen Nutzlast eines Lenkballons hauptsächlich von der Luftdurchlässigkeit seiner Hülle und weniger von deren Gasdurchlässigkeit abhängt.

Wir haben schon im Kapitel IV gesehen, daß im Sommer, also bei höheren Temperaturen, kaltvulkanisierte Ballonstoffe sich

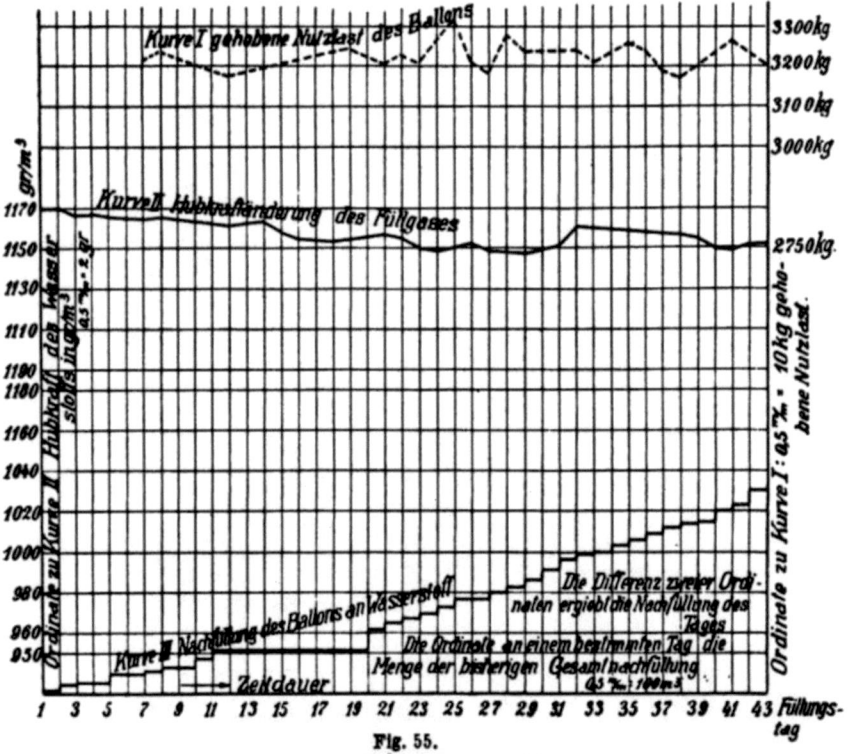

Fig. 55.

Kurve eines 9000 cbm großen Lenkballons auf kaltvulkanisierten Stoff während einer 42 tägigen Winter-Campagne.

günstiger benehmen als dampfvulkanisierte. Dasselbe läßt sich mittels der Kurven Fig. 52 u. 55 nachweisen. Beide beziehen sich auf Prallballons von ca. 9000 cbm Größe.

Während der Ballon von Fig. 52 vom 6. November bis zum 6. Dezember 25 g Hubkraft eingebüßt hat, hat der Ballon von Fig. 55 nur 11 g Hubkraft für dasselbe Volumen in derselben Zeit eingebüßt, während die Nachfüllung für beide Ballons ungefähr gleich, d. h. 1465 cbm für den Ballon von Fig. 52 und 1525 cbm für den Ballon von Fig. 55 war.

Es sollte also der Gebrauch dieser Ballonkurven soweit als möglich verallgemeinert werden. Eventuell wäre es ratsam, einer solchen Kurve auch die Kurve der Änderung der Gaszusammensetzung anzugliedern. Durch eine einfache Gasanalyse ließe sich dann sofort ermitteln, ob der Ballon nur normal durch Adsorption Gas verliert und Luft eintreten läßt und ob er irgendwo einen Riß hat.

Hierzu können wir folgende graphische Methode mitbenutzen.

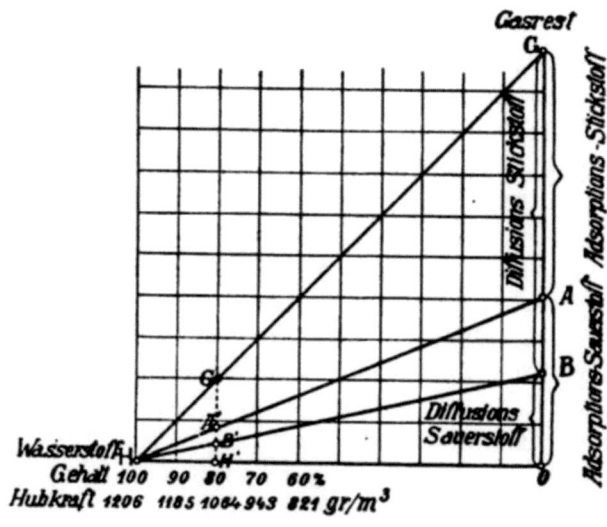

Fig. 56.

Wir tragen (Fig. 56) auf einem Koordinatensystem an der Abszissenachse die Hubkraft des Wasserstoffs und zugleich auch dessen Prozentgehalt an reinem Wasserstoff auf, und tragen nun senkrecht auf die Abszissenachse, in derselben Art wie den Wasserstoff, den Gasrest auf, so daß einer 50% Wasserstoffabszissenlänge dieselbe Länge der 50% Gasrestordinate entspricht; schließlich verbinden wir die beiden Endpunkte mit einer Geraden.

Tragen wir nun auf der Ordinatenachse die Zusammensetzungen des Gasrestes auf, d. h. einmal die Zusammensetzung, wie sie aus der Diffusion resultiert, also 22,2% Sauerstoff und 77,8% Stickstoff, mit einem Worte, wir teilen die Linie so in zwei Teile, daß diese zwei Teile sich verhalten wie 22,2 : 77,8 und nennen diesen Teilungspunkt B; ein zweites Mal tragen wir auf derselben Ordinatenachse die Zusammensetzung des Gasrestes auf, wie diese aus der Adsorptionstheorie nach Graham resultiert, d. h. 40,5% Sauerstoff und 59,5% Stickstoff, wir teilen das zweite Mal also die Gerade so in zwei Teile, daß diese Teile sich verhalten wie 40,5 : 59,5, und nennen diesen Teilungspunkt A.

Verbinden wir nun die Punkte A und B mit dem Punkte H, so können wir sofort für jede Konzentration Wasserstoff an der Ordinate ablesen, welche Zusammensetzung das nicht aus Wasserstoff bestehende Gas haben müßte, wenn es

1. durch Diffusion durch feine Löcher,
2. durch Adsorption

in die Hülle hineingelangt ist.

Wenn nämlich bei 80% Wasserstoff die Linie GH den Wert $H'G'$, d. h. 20% hat, so muß dieses Gas, wenn es durch Diffusion hineingelangt ist, für Sauerstoff den Ordinatenwert $H'B'$, d. h. 4,9%, für Stickstoff den Ordinatenwert $B'G'$ haben, d. h. 15,1%.

Wenn aber das Einströmen der Luft auf Grund der Grahamschen Adsorptionstheorie erfolgt ist, so ist der Wert für Sauerstoff: $H'A'$, d. h. 8,1%, und für Stickstoff: $A'G'$, d. h. 11,9%.

Ist der Wert ein intermediärer, so sind beide Ursachen an dem Gaseinströmen schuld. Unter den Wert $A'B'$ kann der Gehalt des Sauerstoffs ja nicht sinken und über den Wert $A'G'$ nicht steigen.

Man benutzt diese Methode, wie folgt:

Man hat z. B. eines Tages die Analyse des Ballongases gemacht und die Hubkraft z. B. zu 1173 gr/cbm gefunden; die Analyse ergibt:

$$88,8\% \text{ H,}$$
$$4,6 \text{ » O,}$$
$$6,3 \text{ » N.}$$

Dies entspricht ziemlich genau der Aufnahme von Luft durch Adsorption.

Den nächsten Tag aber ergibt die Analyse plötzlich nur 1121 gr/cbm Hubkraft und

$$84,89\% \text{ H,}$$
$$4,50\% \text{ O,}$$
$$10,39\% \text{ N.}$$

Aus dem graphischen Bild ersehen wir sofort, daß dieser Sauerstoffgehalt für den entsprechenden Wasserstoffgehalt zwischen den Linien BH und AH liegt, also daß unbedingt durch Diffusion Luft eintrat oder, was fast auf dasselbe herauskommt, ein Loch in der Hülle irgendwo entstanden ist, da die hierdurch einströmende Luft wenig Unterschied von der Diffusionsluft zeigt (statt 22,2 nur 20,90% O).

Wenn bei einem Gehalt von 84,89% Wasserstoff die Luft durch Diffusion allein eingeströmt wäre, so wäre ihre Zusammensetzung:

$$3,8\% \text{ O},$$
$$11,2\% \text{ N},$$

und wenn sie durch Adsorption allein eingeströmt wäre, so wäre ihre Zusammensetzung:

$$5,2\% \text{ O},$$
$$9,7\% \text{ N}.$$

Aber die vorhandene Luft stammt aus beiden Quellen. Wieviel von der einen und wieviel von der anderen Quelle stammt, ist leicht zu errechnen.

Nehmen wir die Diffusionsluft als Einheit an, so können wir leicht bestimmen, wieviel Adsorptionsluft ihr beigemischt wurde, um ihren jetzigen Wert von 4,5% an Sauerstoff zu erhalten.

$$X \cdot 5,2 + 3,8 = 4,5,$$
$$X = 0,135.$$

Für je einen Teil Diffusionsluft sind also 0,135 Teile Adsorptionsluft, d. h. 88% Diffusionsluft und 12% Adsorptionsluft, vorhanden. Da nun am vorigen Tage fast nur reine Adsorptionsluft da war und nun plötzlich 7½ mal soviel Diffusionsluft da ist, so muß irgendwo ein Loch entstanden sein. (Beim angeführten Beispiel ist dies der Fall gewesen bei einem Luftballonett.)

Man kann aber dieses Verfahren so direkt auf eine Ballonfüllung nicht anwenden, denn beim Fall nach Fig. 56 müßte die Gasfüllung mit 100 proz. Wasserstoff erfolgen. Dies ist aber nie der Fall. Der Wasserstoff ist nie rein; er enthält immer 4 bis 5% Verunreinigungen, welche ebenfalls meistens aus Sauerstoff und Stickstoff bestehen. Dieser Fremdstoffgehalt könnte obige Bestimmungsmethode verschleiern; man verfährt also in jedem Falle wie folgt: Man nimmt bei Fig. 57 an demjenigen Punkt den Gasrest auf, wo ihn die Analyse anzeigt, z. B. es sei der Wasserstoff 95 proz.: der Gasrest ist also vom Beginn der Füllung da. Die Linie G^0 95 repräsentiert als Ordinate den Gasrest. Nehmen wir an, wie es in der Praxis ja oft vorkommt, der Gasrest bestehe aus 4,3% N und 0,7% O. Wir tragen den Wert von 0,7% bei 95 auf und erhalten den Punkt B^{10}. Verbinden wir nun den Punkt H mit B^{10} und B^{10} mit B, so haben wir ein Polygon $H B^{10} B O$; planimetrieren wir dies und dividieren wir den so erhaltenen Wert mit der Länge $H-O$, so erhalten wir B^0; B^0 mit H verbunden ergibt uns die Linie, die dem Diffusionssauerstoffgehalt der Füllung entspricht. Für die Adsorptionssauerstoffgehaltsgrenze verfahren wir ähnlich. Wir verbinden B^{10} mit A und H, planimetrieren das Viereck $H B^{10} A O$, dividieren den Wert mit der Länge $H O$ und erhalten so die Länge $O-A^0$, welcher Punkt mit H verbunden die gesuchte Grenze gibt. Die so erhaltene Skizze können wir, wie die der Fig. 56, benutzen.

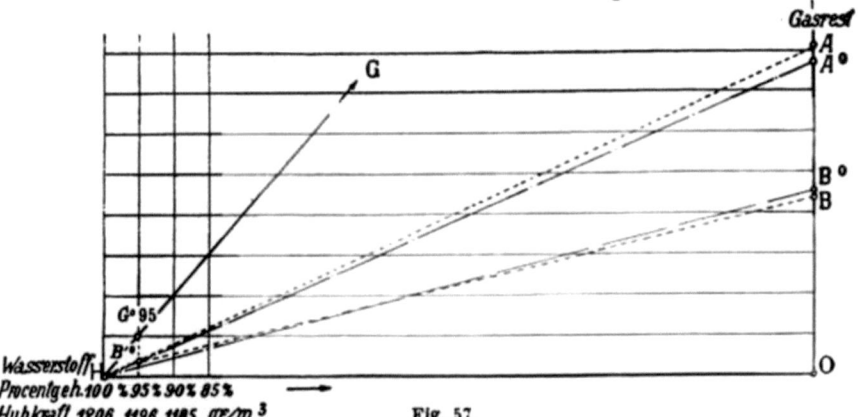

Fig. 57.

Um dieses Verfahren wirklich für die Praxis nützlich zu machen, empfiehlt es sich, für den Stoff, aus dem der Ballon konstruiert wurde, den mittleren Luftpermeabilitätsfaktor zu bestimmen, so z. B. wie es im Kapitel IV S. 70 getan wurde; es ist ratsam, da in einer gut und ernst geleiteten Fabrik jedes Stoffstück auf Permeabilität während mindestens 24 Stunden geprüft wird, bei jeder Prüfung auch eine kleine Gasprobe aus dem Permeabilitäts-apparat zu nehmen und durch Analyse die zugeströmte Menge Sauerstoff und Stickstoff und speziell ihr prozentuales Verhältnis zu bestimmen. Man wird so für jeden einzelnen Ballon ohne Schwie-rigkeit den Wert von $O A$ erhalten, der nicht immer 40,5% sein wird, sondern, wie schon erwähnt, von der Vulkanisationsart des Kautschuks, von seiner Vorgeschichte und von der mehr oder minder sorgfältigen Fabrikation abhängt. Der Wert ist jedoch von 40% nach oben oder unten nicht sehr verschieden. Hat man es mit anderen Impermeabilisierungsmitteln als Kautschuk zu tun, z. B. Zellulosederivate, Goldschlägerhaut oder Gelatine, so erhält man für den Wert OA natürlich den Wert der Sauerstoffkonzentration im Wasser bei der gegebenen Temperatur; (vgl. Kap. VI) bei kombinierten Stoffen aus Kautschuk und Zellulosederivaten oder Kautschuk und Leinöl, wo keine Lufteinströmung stattfindet (vgl. Kap. VI und VII), muß diese Rechnungsart eine weitere kleine Änderung erfahren. Man muß hier bei der Analyse auch die Nachfüllung in Betracht ziehen. Man trägt also links von H in Prozenten des Gesamtballonvolumens den Wert der Nachfüllung auf und verbindet diesen Punkt mit A und B, um die Grenzlinien jeweils zu haben.

Zur Analyse des Gases eignet sich vorzüglich die von Prof. *Brunck* vorgeschlagene Absorptionsmethode mit kolloidalem Palladium. Man bestimmt den Sauerstoff durch Absorption in alkalischem Pyrogallol und bringt den Gasrest in eine Lösung von kolloidalem Palladium in protalbinsaurem Natron, dem Natriumpikrat zum Regenerieren zugesetzt ist. Man stellt nach *Hempel* solche Lösungen am besten frisch her, indem 2,82 g kolloidales Palladium von *Kalle* (die ca. 50% Palladium und 50% protalbins. Natron enthalten) in 50 ccm destilliertem Wasser gelöst und dieser Lösung nach 24 Stunden 100 ccm einer kaltgesättigten Lösung von Natriumpikrat in Wasser zu gesetzt werden. Die so entstandene Lösung absorbiert 4320 ccm Wasserstoff.

Mit dieser Lösung läßt sich nach Entfernen des Sauerstoffs der Wasserstoff quantitativ durch Absorption bestimmen; der Stickstoff bildet den Rest. Am besten absorbiert man nicht alles auf einmal, sondern zuerst etwas mit einer älteren Lösung und dann zum Schluß mit einer frischen Lösung.

Eine sehr elegante Analysenmethode ist die, den Sauerstoff des Ballongases durch einen den Rauchgasapparaten ähnlich ausgebildeten, automatisch anzeigenden Apparat durch Absorption in Pyrogallollösung zu bestimmen und den Gasrest im *Rayleigh Haber*schen *Interferometer* durch Vergleich mit reinem Wasserstoff zu untersuchen, wodurch man den zurückgebliebenen Stickstoff quantitativ erhält.

Da beide Apparate in leicht transportabler Form hergestellt werden, so können sie auch an Bord eines größeren Luftschiffes mitgenommen werden, so daß eventuell während der Fahrt selbst an Bord all die nötigen Beobachtungen gemacht werden können.

IX. Kapitel.

Welchen Prüfungen soll ein Ballonstoff unterzogen werden? Rißfestigkeit, Gasdichtigkeit. Dauer. Regelmäßigkeit in der Fabrikation.

Wir haben uns bisher mit den Verhältnissen abgegeben, die vom chemischen Standpunkt aus für die Ballonfüllung und für die Ballonhülle von Wichtigkeit sind.

Wir wollen nunmehr die Anforderungen besprechen, die auf Grund der besprochenen Verhältnisse an die Baumaterialien der Luftschiffhüllen gestellt werden müssen.

Diese Anforderungen sind:

1. Ein Minimum an Rißfestigkeit.
2. » » » Platzfestigkeit.
3. » » » Gasdurchlässigkeit in einer gewissen Zeit.
4. Ein Maximum an Dauer.
5. Begrenzung der optischen Transparenz.
6. Eine gewisse Qualität in der Färbung.
7. Ein gewisser Widerstand der Färbung und des Dichtungsmaterials gegen ultraviolette Strahlen.
8. Eine gewisse Elastizität.

Unter all diesen Proben nimmt diejenige auf R i ß f e s t i g - k e i t den bedeutendsten Platz ein. Wir wissen, daß die Inanspruchnahme eines Ballonstoffs in der Hülle auf Oberflächenspannung, d. h. mit anderen Worten auf Rißfestigkeit erfolgt. Gewöhnlich wird von den Ballonstoffen ein Sicherheitskoeffizient von 5 bis 6 gefordert.

Man bestimmt nun die Minimalgrenze der Rißfestigkeit, entnimmt einem jeden Stück Ballonstoff, der zur Naht kommt, ein Muster von ca. 60 cm Länge, so daß er die ganze Stoffbreite umfaßt, und schneidet in jeder Fadenrichtung einer jeden Stofflage je 3 Muster, also 3 Schuß- und 3 Kettenmuster für den gelben

und 3 Schuß- und 3 Kettenmuster für den Écrustoff. Man nehme
sorgfältigst auf 50 mm Breite durch Abfasern eingestellte Muster.
Man kann dies so ausführen, daß man etwa 51 oder 51,5 mm breite
Muster nimmt und die über 50 mm Breite herausstehenden Faden
wegzieht. Die Länge einer solchen Probe sei etwa 21 cm. Man
spannt nun je 3 cm zwischen Lederstücken in den Klemmen des
Dynamometers ein (als Dynamometer verwende man den Avery-
schen [Fig. 7] oder einen Schopperschen Apparat) und bestimmt
die Rißfestigkeit und die Gesamtdehnung. Es ist auch sehr ratsam,
die Kurve, die den jeweiligen Zusammenhang zwischen Belastung
und Dehnung anzeigt, aufzunehmen; hierzu sollen am Dynamometer
automatisch aufzeichnende Apparate angebracht werden. Die Wichtigkeit solcher Diagramme ersehen wir etwas weiter unten.

Ist die Rißfestigkeit von je 3 Proben festgestellt, so nimmt
man das Mittel, das unbedingt über dem geforderten Minimum
liegen muß; nur eine der Proben darf unter dem Minimum sein,
und diese Differenz soll auch nicht mehr als 5% betragen. Hat
man nun alle 12 Proben fertig und die 4 Werte (bei Triplestoffen
6 Werte) sind festgestellt, so macht man noch eine Zerplatzprobe.
Diese soll auf einem in Fig. 6 skizzierten Apparat von wenigstens
80 cm Durchmesser stattfinden. Durch Feststellung des Druckes und
der Höhe der Kugelkalotte läßt sich die Festigkeit leicht ermitteln.

Einen Teil des so geplatzten Stoffes behält man sich zurück,
um ihn auch auf Gasdurchlässigkeit zu prüfen. Diese darf infolge der Platzprobe nicht bedeutend abgenommen haben.

Nun folgt die zweitwichtigste Probe: die der Gasdichtigkeit.
Allgemein wird hierzu die Renardsche Wage benutzt. Das Stoffmuster von ca. 30 cm Durchmesser wird auf eine solche Wage
(Fig. 26) gelegt, nachdem es mit der Hand so zerknittert wurde, daß
es in der Faust Platz hatte, und zwischen zwei Kautschukringen, die
als Dichtung dienen, mit einem Metallring bei 2,2 aufgedrückt;
unter und über dem Stoff bringt man noch zur Sicherheit eine Abdichtung von Kautschuk, Talg und Lanolin (zu ungefähr gleichen
Teilen zusammengeschmolzen) an. Durch Belasten der Gaso-
meter- oder Gewichtsseite der Wage, durch Ablassen von Wasser
durch den Hahn H sowie durch Zuschütten von Wasser durch
das Rohr R gelingt es leicht, die Wage auf den Nullpunkt zu
bringen. Es ist am besten, man ladet die Wage am Abend und
läßt den ganzen nächsten Tag über den Versuch gehen; man

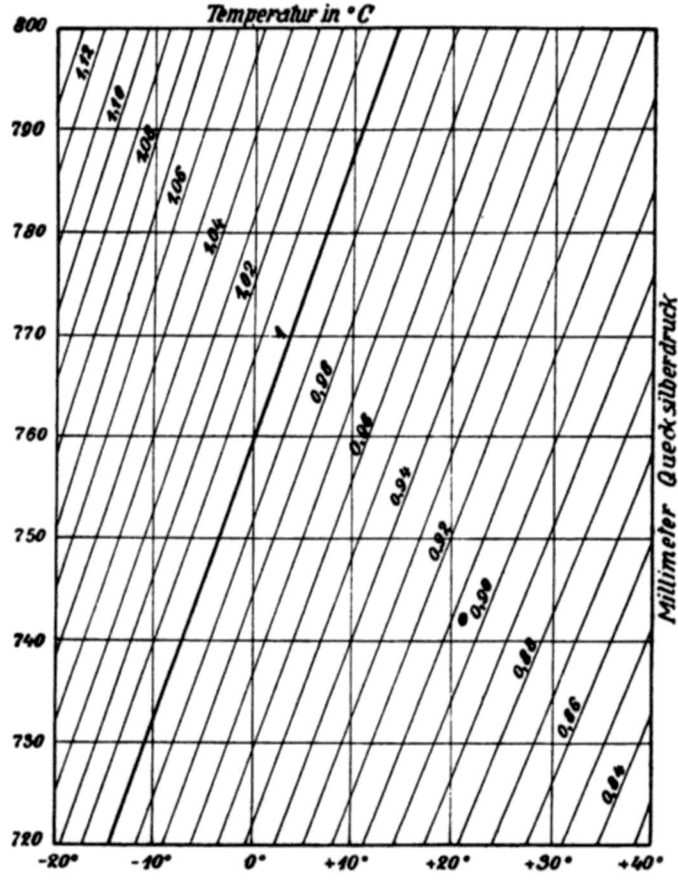

Fig. 58.

Korrekturtabelle I für die Renardsche Gaswage.

Gebrauchsanweisung:

Man liest bei jeder Beobachtung, also zuerst zu Beginn des Versuches die Temperatur des Gases an der Wage — sowie den Barometerstand ab. Diese an den betreffenden Ordinaten abgelesen, ergeben in der Tabelle einen Punkt; z. B. bei —10°C und 758 mm findet man 1,036. — Zum Schluß des Versuches liest man, außer der Anzahl Divisionen der Wage, wieder Temperatur und Barometerstand ab und verfährt wie oben; man hat z. B. +6°C und 741 mm gefunden. Der auf der Tabelle entsprechende Punkt ist hier 0,952. Nun nimmt man die Tabelle II.

notiert von Zeit zu Zeit den Verlust sowie die Zeit, seitdem der Versuch im Gange war. Man muß die abgelesenen Zahlen auf 0° und 760 mm Druck reduzieren, um immer vergleichbare Zahlen zu haben. Dies geschieht mittels der Tafeln Fig. 58 u. 59, denen auch die Gebrauchsanweisung beigegeben ist.

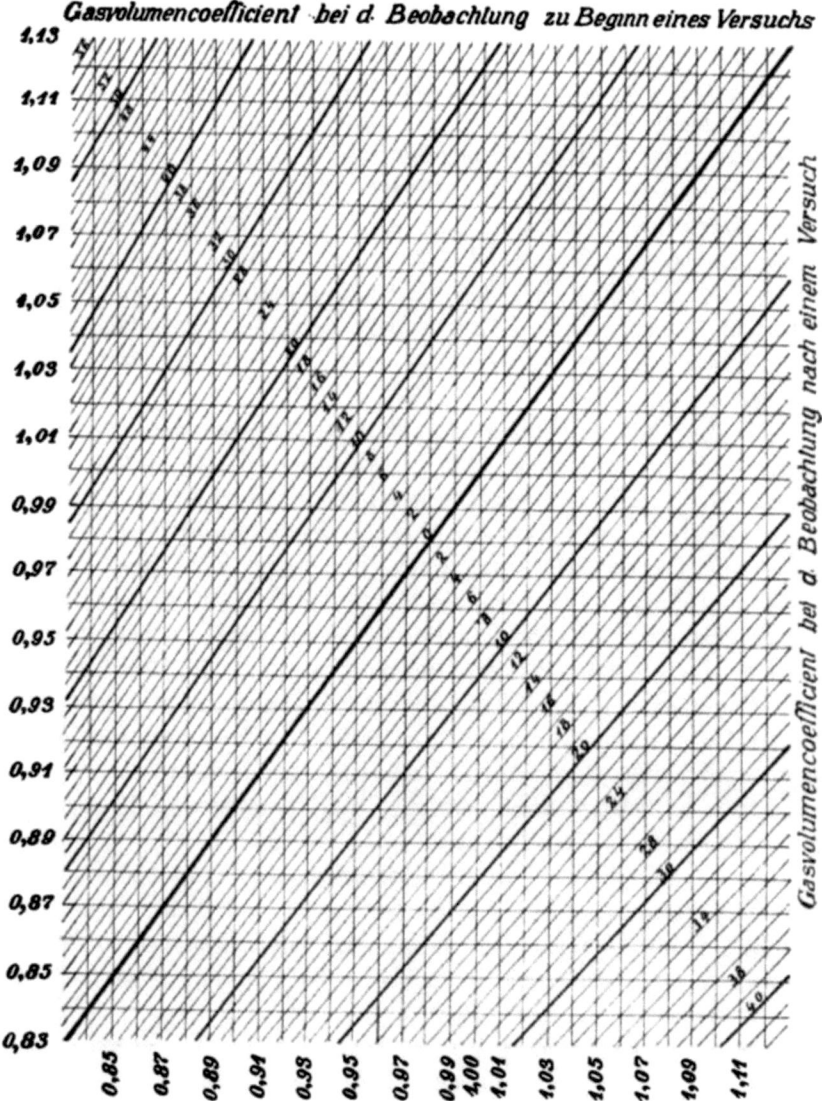

Fig. 59.
Korrekturtabelle II für die Renardsche Gaswage.

Gebrauchsanweisung.

Die zu Beginn des Versuches mittels der Tabelle I gefundene Zahl (hier 1,036) wird in der horizontalen Linie — die zum Schluß gefundene (hier 0,952) auf der Vertikallinie dieser Tabelle aufgesucht. Die so gefundene Zahl (hier 13) ist, da sie unterhalb der Diagonale ist, zu der, an der Wage abgelesenen Divisionenzahl zu addieren (wäre sie oberhalb der Diagonale, so wäre sie abzuziehen). Die Summe ergiebt die Anzahl Renardscher Divisionen, die der Stoff verliert — reduziert auf 0°C und 760 mm.

Man notiert, was der Stoff in den 10 bis 14 Nachtstunden und was er tagsüber verloren hat. Gewöhnlich verlieren die Stoffe in den ersten 3 bis 4 Stunden mehr, bis sich die Abdichtung wirklich eingestellt hat, dann soll bei guten Stoffen in den ersten 24 Stunden der Gasverlust ziemlich gleich sein.

Besonders zu achten ist auf eine gleichmäßige Temperatur: am richtigsten ist, wenn man nur eine Wage besitzt, diese in einem Thermostaten mit Wasserzirkulation um 12 bis 14° C herum zu halten. Bei größeren Fabriken wird sich die Anlage eines thermostatischen Raumes in den Kellerlokalitäten wohl rentieren; schon von 6 Wagen an ist das Arbeiten in dieser Art und Weise sehr rationell.

Die Angaben der obigen Renardschen Tabellen sind nur dann absolut richtig, wenn sich das Gasvolumen nicht ändert. Da dies nie der Fall ist, so lassen sich diese Tabellen, sowie die Wage im allgemeinen, nur für Annäherungswerte verwenden. — Je größer die Gasverluste sind, umso ungenauer wird die Tabelle.

Der Raum, in welchem die Wagen aufgestellt sind, soll mit Thermographen und Präzisionsbarographen versehen sein.

Der Gasverlust soll bei Lenkballonstoffen nie 10 l pro qm in 24 Stunden, also nie 10 Renardsche Einheiten, erreichen. Hat ein Stoff dieses Maß überschritten, so ist sofort eine zweite Probe zu machen; und wenn auch diese schlecht ausfällt, sollte man den Stoff unbedingt zurückweisen. Fällt die zweite Probe gut aus, so entscheidet eine dritte.

Bei Kugelballonstoffen ist die annehmbare Grenze 20 Renardsche Einheiten. Das bei der Zerplatzprobe abfallende Stück sei ebenfalls einer 12 stündigen Probe auf der Renardschen Wage zu unterziehen; es soll nicht mehr als um 50% höhere Werte zeigen, wie der nicht geplatzte Stoff.

Die Regelmäßigkeit der Fabrikation wird mittels Durchscheinenlassen des Stoffes kontrolliert. Der Stoff wird von einer Rolle ab- und auf eine andere aufgerollt, passiert hierbei durch eine Art Camera obscura, indem er über einen aus Mattglas bestehenden Tisch streicht, der von unten mit Glühlampen beleuchtet wird. Man zeichnet so die Webefehler an, und beim Herauskommen des Stoffes aus der Kammer werden diese Webefehler mit kleinen, runden Stofftüpfchen von 1 cm Durchmesser mittels Gummilösung verklebt.

Der Stoff wird auch auf seine F ä r b u n g geprüft. Einige gelbe Stoffäden werden sorgfältig abgetrennt und unter dem Mikroskop daraufhin untersucht, ob sie mit Pigment- oder Anilinfarben gefärbt sind. Pigmentgefärbte Stoffe (Chromgelb) sind annehmbar; die mit Anilinfarben gefärbten Stoffe sollen während 24 Stunden den Strahlen einer 100 Kerzen-Quecksilberdampf-Quarzlampe auf 20 cm Entfernung exponiert und die Gasdurchlässigkeit erst dann bestimmt werden.

Der gelbe Stoff selbst wird nun auch auf seine Lichtdurchlässigkeit geprüft. Man quillt die Stoffe in warmer Xylollösung auf, trennt den gelben Stoff von der Gummischicht ab und spannt ihn auf einen ca. 4 qdm großen Rahmen. Mit diesem Rahmen wird nun die gewöhnliche Photometerprobe auf dem Fettfleckphotometer vorgenommen und dadurch die Oberfläche bestimmt, die beim gelben Stoff noch lichtdurchlässig ist. Diese Oberfläche soll möglichst 11% nicht übersteigen.

Schließlich sind noch Stichproben auf den Vulkanisationskoeffizienten, speziell bei warmvulkanisierten Stoffen, anzuraten.

Von hoher Wichtigkeit ist die Elastizitätskurve des Stoffes, die bei der Rißfestigkeitsprobe aufgenommen wurde. Diese Kurve zeigt nämlich an, um wieviel sich der Ballonstoff unter einer gewissen Belastung, also unter einer bestimmten Spannung, ausdehnt. Wie wir wissen, werden die Nähte der Ballonstoffe mit Bändern von 30 oder 50 mm Breite verklebt. Es ist also unbedingt notwendig, auch die Elastizitätskurve, die Änderung der Dehnung mit der Belastungsänderung, bei diesen Bändern zu kennen.

Diese Bänder werden nämlich mit 3- und 6 proz. Kautschuklösungen auf die Nähte geklebt und sind mit diesen solidarisch. Dehnt sich bei derselben Beanspruchung der Stoff mehr als das Band, so kann eventuell das Band reißen. Um dies zu umgehen, muß die Elastizität, resp. die Dehnung der Bänder bei jeder Belastung, immer größer sein als die Dehnung des Ballonstoffs auf den sie aufgeklebt sind. In diesem Falle werden die Bänder an den Nähten nie reißen. Es ist also notwendig, die Elastizitätskurve der Bänder ebenfalls zu bestimmen und diese mit der Elastizitätskurve des Stoffes zu vergleichen.

II. Teil. Aviatik.

X. Kapitel.

Allgemeine Probleme der Chemie in der Aviatik. Auswahl der Rohmaterialien. Chemie im Explosionsmotor. Gutes Holz. Wasserdichte Stoffe. Feuersichere Stoffe.

In der Aviatik bieten sich dem Chemiker vielleicht noch mannigfachere Probleme als in der Aeronautik, obzwar der zu Beginn der Aviatik so lebhaft aufgetretene Wunsch nach leichteren Konstruktionsmaterialien mit dem Fortschritt in der Aerodynamik langsam aufzuhören beginnt. Außer dem Drängen nach leichten Legierungen hatte man auch um jedes Gramm Textilgut mit den Konstrukteuren zu streiten; es wurde der Chemiker aufgefordert, andere Lubrikationsmittel als die bisher benutzten zu erfinden, denn deren Verbrauch wäre zu hoch, es sollte der Chemiker neue Holzimprägnierungsmethoden ausfindig machen, denn das Holz ist zu schwach und verzerrt bei feuchtem Wetter die Flügel. Der Chemiker sollte neue Produkte schaffen, die dem Explosionsmotor die Möglichkeit geben sollten, mit weniger Brennstoff länger zu laufen. All diese Probleme wurden auch an verschiedenen Orten ernstlich in Betracht gezogen. Verfasser hatte z. B. Gelegenheit, Holz, das zur Konstruktion von Flugzeugen dienen sollte, mit den neuerdings in Aufschwung kommenden Kondensationsprodukten von Phenol und Formaldehyd zu imprägnieren. Da aber hierbei eine Gewichtssteigerung überhaupt auftrat, so war das Problem nicht gelöst, die Herren Flugtechniker wollten, daß die Verbesserungen ohne Gewichtsvermehrung ausgeführt werden sollten.

Bald gelang es aber den vereinten ausharrenden Arbeiten hervorragender Techniker und Gelehrten, wie *Eiffel* in Paris, Prof. *Maurain* in St. Cyr, Prof. *Prandtl* in Göttingen und ihren Mitarbeitern, Klarheit in eine Reihe von verworrenen Begriffen zu bringen; so kam das stete Drängen nach Leichterem auch zum Stillstand. Der zu Beginn der Flugzeugindustrie allein herrschende kleine 50 PS-Gnomemotor erhielt bald einen weitaus tüchtigeren jüngeren Bruder und manche ebenfalls äußerst tüchtige Konkurrenten. Statt auf das ewige Gewichtsvermindern zu drängen, drängte man nunmehr, da die Motoren leistungsfähiger, die Geschwindigkeit größer, die Inanspruchnahme der Konstruktionsteile bedeutender wurde, auf je größere Solidität, je größere Sicherheitskoeffizienten der Flugzeugteile. Die Lehren des Balkankrieges, gepaart mit den hervorragenden Fortschritten auf motortechnischem Gebiete, brachten sogar im Sommer 1913 den bisher wenig erfolgreichen g e p a n z e r t e n Aeroplan.

Zugleich wurden während dieser Evolutionsperiode eine ganze Reihe von chemisch-aviatischen Problemen gelöst. So kam man bald darauf, daß es nicht gleichgültig sein kann, welcher Leim zum Kleben der verschiedenen Holzschichten der Propeller gebraucht wird. Nach einer Reihe von Versuchen schritten einige Firmen zu neuen Leimkompositionen, welche nunmehr zur größten Zufriedenheit arbeiten.

Der zu Beginn der Aviatik von den Brüdern *Wright* verwendete, an den Enden mit Gewebe umspannte Weichholzpropeller wich bald den vorzüglichen *Chauvière*schen Hartholzpropellern aus jahrelang gealterten Holzsorten.

Die Schwierigkeit des Wasserflugzeugpropellers wurde durch Anwendung von schweroxydablen Bronzen als Propellerbeschlägen behoben; man verwendet hierzu spezielle Phosphorbronzebleche, deren Zusammensetzung den Legierungen ähnelt, die für die bronzenen Schiffsschrauben verwendet werden.

Auch die Frage der von der Feuchtigkeitsänderung der Atmosphäre unberührt bleibenden Holzkonstruktion wurde in den letzten paar Jahren sehr erfolgreich gelöst, trotzdem diese Lösung bis heute eine sehr geringe Verbreitung erhielt. Man suchte und sucht noch, das Holz in der Flugzeugkonstruktion g ä n z l i c h durch autogen geschweißte Metallröhren (Train, Voisin, Short, Otto) zu ersetzen, und drängt in der Konstruktion immer mehr und

9*

mehr der Bauart eines Automobilchassis zu, und zwar ganz speziell in Frankreich. Dies hat nun infolge der Sprödigkeit der Schweißstellen bei so mannigfach beanspruchten Konstruktionen, wie es die Flugzeuge sind, seine Nachteile. In Deutschland wurde doch einiges Interesse für das recht geistreiche und gut durchgearbeitete Verfahren der H o l z b a n d r ö h r e n von *Mutter & Leiber* rege; es ist mit Hilfe dieses Prinzips wohl möglich, mit Leichtigkeit gänzlich wetterfeste und leichte hölzerne Flugzeuggerippe zu erzeugen. Diese von *Mutter* erfundenen Holzbandröhren beruhen auf folgendem Prinzip: Schneidet man einen Holzstamm senkrecht zu seiner Wachstumsrichtung durch, so erkennt man sehr leicht die sog. Jahresringe, d. h. der Holzstamm besteht aus zweierlei Holzarten: einer weicheren, lichteren Schicht, welche

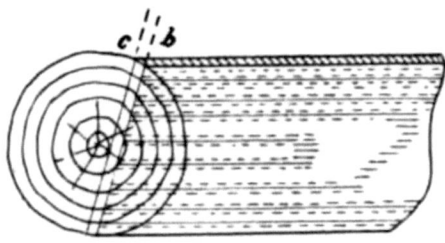

Fig. 60.

voll von Kanälen ist und, im Frühjahr sich entwickelnd, hauptsächlich zur Führung der Nahrung dient, welche also infolgedessen mit einer Reihe von Salzen saturiert ist, die osmotisch die Feuchtigkeit im Stamminnern befördern; dies ist der Splint. Da in jedem, sogar trockenem Holze der Splint 1. voll mit Kanälen, 2. vollsaturiert mit hygroskopischen Salzen ist, und dies infolge seiner physiologischen Funktion, so ist dieser Splint selbst äußerst wetterunbeständig und sehr hygroskopisch. Das »Arbeiten«, genannte Springen und Verziehen der Holzbretter ist auf diese hygroskopische Eigenschaft des Splints zurückzuführen. Der Splint enthält ca. 40% Zellulose. Der harte, dunkle Jahresring aber, der von Kanälen nicht durchsetzt ist, da er auch eine sehr geringe Menge Salze enthält und sehr reich an Zellulose ist, ist bedeutend beständiger sowohl in chemischer wie auch in physikalischer Hinsicht. Er ist ungefähr 3 mal fester als der Splint. Ein gewöhnliches Brett oder Fournier (Fig. 60) enthält also, wie es aus dem

Baumstamm geschnitten wird, sowohl Splint wie Hartholz. Wenn man aber, statt das Holz so zu nehmen wie man es gewöhnlich tut, nur die Jahresringe nimmt und den Splint wegwirft, wie es Mutter zuerst getan hat (Fig. 61) und nun diese durch geeignetes Leimen oder eine andere geeignete Methode durch Rollen zu Röhren vereinigt (Fig. 62), so erhält man ein äußerst festes, auch chemisch

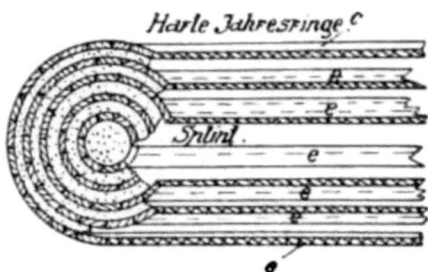

Fig. 61.
Herstellung der Holzbänder.

stabiles Produkt. Ein weiterer Vorteil wird dadurch erreicht, daß die Jahresringe in der Richtung ihrer Fasern abgespalten werden und das Rohr ganz aus homogen gerichteten Fasern

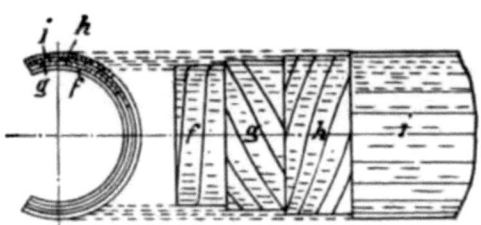

Fig. 62.
Herstellung der Holzbandröhren.

besteht, während bei gewöhnlichem Brett, Fournier oder sonstigem Holz der Schnitt quer auf die Fasern erfolgt und man nur kurzfaserige Produkte hat. Diese Röhren werden in einer ganzen Reihe von Querschnitten, rund, oval, drei- bis viereckig, mit Zwischenwänden usw., dargestellt. Auch das Problem ihrer Verbindung wurde von der Firma Mutter & Leiber gelöst.

Fig. 63 und 64 bringt Diagramme von solchen Holzbandröhren, die auf Durchbiegung und Zerknickung beansprucht wurden. Die

Knickfestigkeit des Holzbandröhrenmaterials scheint somit ca. 3,6 kg pro qmm zu betragen, also ungefähr ¼ vom Werte des Aluminiums,

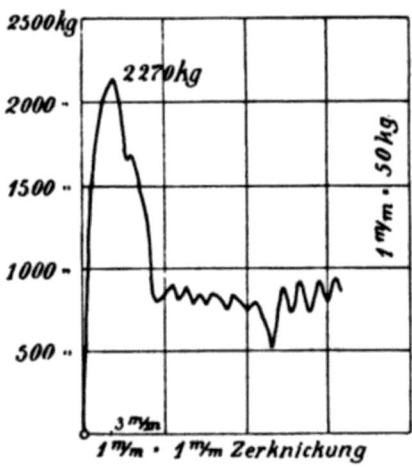

Fig. 63.
Prüfungsdiagramm von Holzbandröhren.

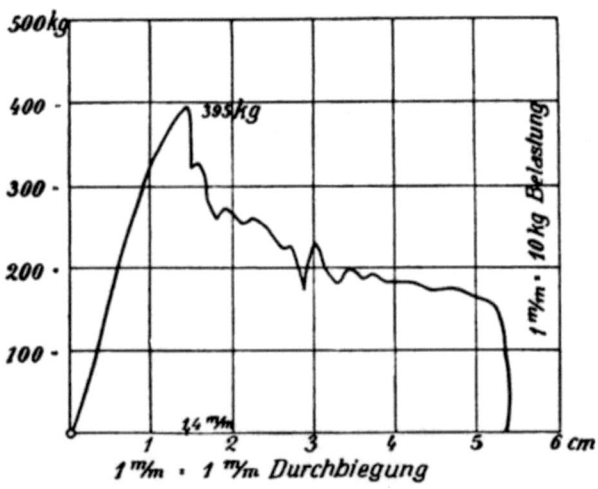

Fig. 64.
Prüfungsdiagramm von Holzbandröhren.

wobei die Dichte des Aluminiums ca. 6,5 mal größer ist; gegenüber Aluminium würden also Holzbandröhren bei gleicher Festigkeit ca. ⅓ an Gewichtsersparnis bedeuten.

Weitere Fortschritte werden auf dem Gebiete der Lubrikationsmittel gesucht. Der Riesenverbrauch an Rizinusöl brachte die
Verbraucher selber dazu, dieses Produkt nach seinem Viskositäts-
grad zu kaufen, und bei großen Flugzeugfirmen wird auch das
Produkt streng mit dem Viskosimeter geprüft. Ersatzprodukte
für Rizinusöl bieten auch ein Feld zur Tätigkeit des Chemikers.

Nicht unbedeutend dürfte auch der Einfluß des Chemikers
in der Aviatik infolge der immer brennender werdenden Frage
der Chemie im Explosionsmotor werden. Die Auswahl des leichtesten, komplett verbrennbaren Brennstoffs höchster Kalorienzahl
dürfte eine Reihe interessanter Lösungen geben; so auch das
Studium der Abnahme der Leistungsfähigkeit einiger Motorkon-
struktionen in großen Höhen infolge ungenügender Kompression,
ungenügender Sauerstoffzufuhr. All diese Probleme sind aber nur
gestreift worden. Mit der Entwicklung, mit dem Altern dieser
Industrie, dürfte sich der angewandten Chemie auch hier ein Feld
bieten, wie es sich durch das Studium der Edelstähle in der Auto-
mobilindustrie geboten hat.

Manche wollen auch die Physik oder, besser gesagt, die physikalische Chemie in etwas transzendenter Weise mit der aviatischen
Industrie in Verbindung bringen. So behauptete ein bei einer
bedeutenden englischen aviatischen Konstruktionsfirma arbeiten-
der, ausländischer Ingenieur, die Böen in der Luft seien
auf magnetelektrische Anziehungskräfte zurückzuführen, welche
infolge Reibung der Luft an der Flugzeugoberfläche entstehen;
denn, meinte er, die vom Motor geleistete Arbeit sei nicht gänzlich durch den Flug verbraucht, es fehlen ca. 10% der aufgewandten
Arbeit; er meint, es sei notwendig, das Abgleiten dieser Böe-
elektronen durch geeignete Form des Flugzeuges und sogar durch
geeignete Wahl der Farbe (sic!) des Flugzeuges zu befördern.
Eine sehr ausgedehnte Rechnung, die vom Verlust dieses Teiles
der angewandten Arbeit ausgeht, soll den Beweis dieser farben-
prächtigen Theorie liefern. Wie wir aber in einem nächsten Kapitel
sehen werden, läßt sich diese fehlende Arbeit unschwer finden
ohne Clerk Maxwell zur Hilfe nehmen zu müssen.

Ein anderes, nicht uninteressantes Problem bildet noch die
Erzeugung von feuersicheren Konstruktionsmaterialien, hauptsächlich Stoffen. Es ist nach den Arbeiten von *Perkin* heute nicht
mehr schwer, Baumwoll- und Leinenstoffe derart feuersicher zu

machen, daß diese, angezündet, nur eine kurze Zeit weiterglimmen, aber nie mit einer Flamme weiterbrennen. Schwieriger war es, dieses feuersichere Appret unauswaschbar zu machen. Man wandte zu diesen Ignifugationsverfahren Phosphate, Wolframate und Stannate der Alkalien an und versuchte vergebens, durch wasserdichte Apprete (vgl. franz. Pat. Nr. 455 851) diese löslichen Produkte an die Faser zu heften. Ein tadelloses feuersicheres und unauswaschbares Appret für Leinen und Baumwolle ist folgendes: Das gut ausgewaschene Textilgut wird in ein ca. 30^0 warmes Bad von zinnsaurem Natron (Dichte 1,22) gelegt und ca. $\frac{1}{2}$ Stunde darin gelassen. Nachher wird es ausgepreßt, getrocknet und in eine 15 proz. Ammoniumsulfatlösung gebracht, worin es einige Minuten verweilt. Dies hat den Zweck, das Zinn als Oxyd auf die Faser zu fixieren. Man preßt nunmehr aus, trocknet und wäscht mit lauem Wasser aus. Das so auf die Faser gebrachte Appret, aus reinem Zinnoxyd bestehend, ist fast gänzlich unauswaschbar. Wird ein so präparierter Stoff mit Benzin getränkt und angezündet, brennt das Benzin ab, ohne den Stoff stark anzubrennen. Die Gewichtszunahme des Stoffes beträgt kaum 18 bis 20% und die Rißfestigkeit wird nicht eingebüßt. Es wäre anzuraten, die Flugzeugbespannungen aus m ö g l i c h s t feuersicheren Stoffen herzustellen, denn im Jahre 1911 waren über fünf Todesfälle von Aviatikern vom Flammenrückschlag des Motors und Brand des Apparates verursacht.

Eine schöne Lösung der Feuersicherheit der Flugzeugbespannung bildet das Bestreichen der Stoffteile des Flugzeuges mit einem »Emaillite Pyrophage« genannten Lack, der weder in flüssiger Form, noch nach dem Eintrocknen brennbar, ja nicht einmal entzündbar ist. — Die damit bestrichenen Flugzeugflächen verbrennen nicht einmal, wenn auf die Lackschicht Benzin geschüttet und dieses angezündet wird. Der Brennstoff wird von der Flamme verzehrt, die Flächen bleiben aber intakt. Dieser Lack besteht aus Lösungen von organischen Säureestern der Zellulose, deren unverbrennlich machende Kampferersatzteile beigemischt sind; die gleichfalls unverbrennlichen Lösungsmittel enthalten in großen Mengen ungiftige chlorierte Derivate der ersten Glieder der Fettreihe.

Zum S c h u t z e v o n H o l z wird neuerdings Jod in verschiedenen Formen angewendet. So streichen die Gebrüder

Farman, die größten Flugzeugkonstrukteure der Welt, einen Teil des Holzgerippes ihrer Flugzeuge mit sehr schwacher Jodtinktur an. Einige Firmen bringen für Holzanstriche Zaponlacke oder Zelluloseacetatlacke in den Handel, welche geringe Mengen Jod in Lösung enthalten. Dieses Jod bleibt dann in der am Holze verbleibenden Filmschicht zurück. — Die mit diesem Produkte erreichten Erfolge sind aber bisher nicht sehr ermutigend. Ein guter Kopallack entspricht vollkommen für diese Zwecke.

XI. Kapitel.

Die Textilmaterialien im chemischen Sinne. Wahl zwischen Baumwolle, Ramie und Leinen. Einfluß der Webung, des Apprets. Verstärkung der Stoffe durch Appret und Webung.

————

Schon im II. Kapitel haben wir die verschiedenen Textilmaterialien gründlich ihrem Ursprunge nach besprochen, es bleibt hier noch übrig, sie vom Standpunkte der Aviatik zu beleuchten. Hier kommt eine Haupteigenschaft der Textilmaterialien, der Gütegrad, ebenso, wenn nicht mehr, in Betracht als bei der Ballontechnik. Bei einem Ballon ist die maximale Arbeitsbeanspruchung eines Textilgutes stets bekannt; bei einem Flugzeug kann man die oberste Grenze kaum festlegen; denn bei Böen oder bei Gleitflügen besonderer Art können ganz bedeutende Beanspruchungen der Faser auftreten, die das Mehrfache der normalen Beanspruchung bilden; man muß also darauf trachten, den größtmöglichen Widerstand bei möglichst geringem Gewicht zu erhalten, so aber, daß dieser Widerstand m ö g l i c h s t beständig sei und nicht nur im Moment der Übernahme zu konstatieren sei. Mit einem Worte, es muß für diese Zwecke das d a u e r h a f t e s t e Textilmaterial ausgewählt werden. Unter den in der Aviatik verwandten Textilmaterialien ist in Anbetracht des Vorhergehenden folgende Reihenfolge angebracht: Leinen, Baumwolle, Ramie.

Im allgemeinen ist bei der Aviatik bezüglich Textilmaterialien dasselbe zu konstatieren, was wir schon bei der Aeronautik bemerkt haben: der ältere verwandte Industriezweig liefert dem jüngeren die Rohmaterialien, welche zuerst kritiklos übernommen werden. Ebenso wie man zu Beginn der Lenkluftschiffe diese aus den bei Kugelballons bewährten Baumaterialien erzeugen wollte, ebenso übernahm man zu Beginn der Aviatik die Lenkballonstoffe zum Bespannen von Flugzeugen. So hatte man z. B. im Jahre 1909, wo man noch von der Beanspruchung der Stoffe auf dem Flugzeug keine genauen Kenntnisse hatte, für die kleinen, von *Santos-Dumont* entworfenen Eindecker, von der erzeugenden Firma »Demoiselles« genannt, echte Lenkballonstoffe angewendet, und machten die auf dem Manöverfelde von Issy herumhupfenden gelben Apparate einen ziemlich sonderbaren Eindruck.

Das hohe Gewicht dieser Ballonstoffe brachte einige Flugtechniker auf die Idee, statt dieser Metalle resp. dünne Metallfolien als Flugzeugbespannungen zu verwenden.

Der Vorschlag von Filippi, das Weben von Metallbändern von 0,2 mm Dicke, kam sogar zur probeweisen Ausführung. Die Idee wurde auch in den letzten Jahren weiter verfolgt, und in der Luftfahrzeugindustrie-Ausstellung in Paris im Jahre 1912 war sogar bei einem Flugzeug *(Ponche & Primard)* die untere Tragflächenbespannung aus solchem Metallblech.

In der Aviatik hat das Metall als Bespannung, abgesehen von seiner Unstabilität, neben den Textilmaterialien kein Feld. Man verwendet heutzutage gewöhnlich bei 1000 bis 1500 kg pro m Belastung reißende Flugzeugstoffe. Das Gewicht dieser Stoffe aus verschiedenen Fasermaterialien, verglichen mit dem Gewicht gleichstarker Metallbleche, ergibt folgende Tabelle:

	Rißfestigkeit pro m	Gütegrad
Seide . . . . 85 g ungefähr pro qm	1400 kg	16,5
Baumwolle , . . . 120 g » » »	1300 »	10,8
Leinen gebleicht . . . 125 g » » »	1250 »	10,0
Feines irisches Rohleinen 180 g » » »	1950 »	10,8
Aluminiumblech 0,075 mm dick 190 g pro qm	1050 »	5,5
Nickelstahlblech 0,015 » » 170 g » »	1350 »	7,9

Aus dieser Zusammenstellung ist es also ersichtlich, daß das Metall bei gleichem Gewicht für Flugzeugbespannungen gegenüber Fasermaterialien keine Vorteile bietet; weder das Leichtmetall Aluminium noch der schwerere, aber festere Stahl scheinen gegenüber den Fasermaterialien anwendbar zu sein. Dabei muß noch in Betracht gezogen werden, daß vom chemischen Standpunkt das Metall den Atmosphärilien eine große Angriffsfläche für das vorhandene Gewicht bietet; infolgedessen muß es noch mit einem Schutzanstrich versehen werden, der, ohne die Festigkeit zu steigern, das Gewicht vergrößert, wodurch der gegenüber Fasermaterialien schon geringere Gütegrad noch vermindert wird. Auch kommt noch die schwerere Handhabung und Reparierbarkeit von Metallen hinzu.

Unter den Fasermaterialien wurde die sehr leichte Seide eine Zeitlang verwendet, so von *Vidart* auf den ersten *Deperdussin*-Flugzeugen, auch von *Nieuport* auf einigen seiner Apparate. Bald jedoch sah man ein, daß der Preisunterschied die 2 bis 3 kg Gewichtsersparnis, die man gegenüber anderen Fasermaterialien machte, nicht aufwog, und kam bald auf die Verwendung der gewöhnlichen Baumwolle zurück.

Über B a u m w o l l e wurde im Kapitel II das technologisch hier Interessante schon mitgeteilt. Bei der geringen Beanspruchung der Flugzeugflächen könnte man ganz leichte Baumwollstoffe nehmen, wenn diese, wie überhaupt jeder Baumwollstoff, nicht den Nachteil der sehr leichten Scherbarkeit hätten.

Die Baumwollfaser ist ziemlich kurz, infolgedessen die Zwirnung stark, wodurch die leichte Einreißbarkeit erfolgt. Dies hat speziell bei den Flugzeugen Nachteil, welche ihre Stoffbespannung auf die Rippen aufgenagelt haben. Die durch den Flug entwickelte obere Depression und untere Kompression übt auf das Textilmaterial eine im Kapitel XVI zu besprechende Spannung aus, und bei den Nägeln könnte die Gelegenheit eintreten, daß der Stoff an der Stelle, wo ihn der Nagel durchdringt, einreißt und dann mit Leichtigkeit weiterreißt. Auch bei der Montage und Reparatur von Flügeln kann ein fallen gelassenes Werkzeug, eine unüberlegte Bewegung des Monteurs das Einreißen der Baumwollstoffbespannung eintreten lassen. Trotzdem die Baumwolle verhältnismäßig das dauerhafteste Textilgut ist, und trotzdem sie die Erzeugung leichter Gewebe gestattet, wäre ihrer Verwendung für Flugzeugbespannungen eben der leichten Scherbarkeit, Einreißbarkeit, wegen, die bei den modernen Imprägnierungsmitteln noch gesteigert wird, entschieden abzuraten.

Ein anderes, glücklicherweise in immer geringerer Menge verwendetes Textilmaterial in der Aviatik ist die R a m i e , welche

gegenüber Baumwolle scheinbar die Überlegenheit höheren Güte-
grades hat.

Die Ramie ist die Faser einer australischen Urticaart (austra-
lische Nesselfaser). Um die bei Ramie auftretenden Erscheinungen
zu verstehen, muß bemerkt werden, daß eine Pflanzenfaser im
allgemeinen um so günstiger, chemisch und mechanisch widerstandsfähiger ist, je längere Fasern sie besitzt und aus je reinerer
Zellulose sie besteht. Baumwolle besteht aus reinster Zellulose
(bis zu 92%), bei Leinen werden diejenigen Bestandteile, die nicht
aus Zellulose bestehen, durch die Rottung (anaerobe Gärung der
Flachs- und Hanffasern in stehendem Gewässer) entfernt; das
zur Verwendung gelangende Produkt besteht also ebenfalls aus
ziemlich reiner Zellulose, wenn auch nicht so reiner wie bei Baumwolle. Dies ist bei R a m i e nicht der Fall. Die Ramiefaser enthält
wie alle Pflanzenfasern inkrustierende Stoffe, deren Menge mit
dem Alter der Faser zunimmt; diese inkrustierenden Stoffe, Lignin,
Lignozellulose, harz- und zuckerartige Verbindungen, wechseln
ihrer Zusammensetzung nach je nach Art der Fasermaterialien.
Bei Leinen sind sie durch Vergärung leicht zerstörbar. Die inkrustierenden Produkte der Ramiefaser haben aber die schlechte
Eigenschaft, von der Faser äußerst schwer oder fast gar nicht
entfernt werden zu können. Man kann die Ramie wie Leinen
nicht zu ganz leichten Geweben verwenden. Wenn die Ramiefaser längere Zeit der Luft ausgesetzt bleibt, so tritt eine Art
Härtungsprozeß der Faser ein, der wahrscheinlich auf harzartige
Veränderungen der Inkrustationsmittel zurückzuführen ist; dadurch wird die Faser resp. das Gewebe starrer, weniger elastisch
und brüchiger. Die Abnahme der Elastizität ist, wie bekannt,
jedoch gleichbedeutend mit der Abnahme der Festigkeit, speziell
unter den Verhältnissen, unter welchen die Textilmaterialien in
der Aviatik verwendet werden. Außerdem aber wurde die Ramiefaser stets mit einem Impermeabilisierungsmittel verwendet, wodurch die Möglichkeit einer anaeroben Gärung der Inkrustationsmittel gegeben ist. Diese Gärung kann entweder auf die Faser
übergehen oder aber, wenn ihre Produkte sauer sind, durch das
sog. Mürbemachen (Bildung von Hydrozellulose) den Widerstand
der Faser zerstören. Dieser Fall ist nicht selten. Verfasser hatte
Gelegenheit, gummierte Ramiestoffe, die bei der Übernahme bei
1200 bis 1300 kg pro m rissen und 3 Monate als Flugzeugbespan-

nung in Verwendung standen, nach dieser Zeit zu prüfen. Ihr Widerstand war auf 400 bis 600 kg pro'm gesunken. Dabei hatte das Gewebe einen eigentümlichen Geruch. Die Richtigkeit dieser Beobachtung wurde durch zahlreiche Unfälle bestätigt, die durch Apparate, welche mit Ramiestoffen bespannt waren, erlitten wurden. So riß im Jahre 1911 bei einem Doppeldecker, den der bekannte österreichische Militärpilot *v. Umlauff* flog, bei einem raschen Sturzflug die oben aus Ramiestoff bestehende Bespannung, und der Pilot verdankte sein Leben nur seiner Meisterschaft und seiner Geistesgegenwart. Bei dem tödlichen Unglücksfall von *Laffon* und *Pola* im Dezember 1910 bei Issy, dessen einzelne Details durch den Kinematographen festgelegt wurden, ist der Sturz, wie aus den Einzelphotographien ersichtlich war, ebenfalls durch Reißen der Flugzeugbespannung verursacht. Diese aber bestand aus gummierter Ramie. Dabei sei zu bemerken, daß infolge großer Glätte der Faser der Gummianstrich sehr schlecht haftet! Was die Ramie anbetrifft, wäre wohl die Verwendung dieses Textilmaterials als Flugzeugbespannung geradezu gefährlich.

Das Textilgut, das sich bisher vollständig bewährt hat, ist der L e i n e n s t o f f. Die Faser ist länger und etwas dicker wie bei Baumwolle; durch Rottung läßt sich die Inkrustation fast vollständig entfernen. Der Gütegrad ist identisch oder etwas geringer als bei Baumwolle. Der Nachteil des Leinens ist der, daß man daraus nicht so leichte Gewebe herstellen kann wie aus Baumwolle, da die bedeutendere Dicke der Faser dies nicht zuläßt. Ein Vorteil des Leinens ist seine Billigkeit. Man kann mit gutem Erfolg sogar die mechanisch nicht ganz gereinigten Leinenfasern (Wergleinen) für Flugzeugbespannungen verwenden. Auch ist Leinen gegenüber Baumwolle durch seinen außerordentlichen Widerstand gegen Scherung, also gegen Einreißen, ausgezeichnet. Hervorragend ist auch die Dauerhaftigkeit des Leinenstoffs. Flugzeugbespannungen, mit denen über 20 000 km in den Lüften zurückgelegt wurden, hatten von ihrem ursprünglichen Widerstand nichts eingebüßt. Jedoch die mit Chlor gebleichten Leinenstoffe halten hartnäckig Spuren von Salzsäure zurück, sind also für aviatische Zwecke zu verwerfen. Die Rasenbleiche schwächt auch etwas den Widerstand der Faser. Am günstigsten sind die Rohleinenstoffe.

Eine nicht als Gewebe verwendete, aber doch interessante Pflanzenfaser für aviatische Zwecke ist die Reisfaser. In Japan stellt man aus dieser Faser ein äußerst festes, geschmeidiges, sehr schwer einreißbares, papierartiges Material her, das für wasserdichte Kleidung Verwendung findet. Richtig angewendet und nach dem Aufspannen sorgfältig imprägniert, dürfte das japanische Reisfaserpapier guter Qualität auch für Flugzeugbespannungen interessant werden.

Wie schon bei der Besprechung der in der Aeronautik verwendeten Textilmaterialien erwähnt wurde, ist es im Handel allgemein üblich, die Gewebe *appretiert* zu verkaufen. Dies ist für aviatische Zwecke ungünstig. Apprete sind vergärbare organische Materialien, welche die Dauerhaftigkeit der Faser herabsetzen; außerdem geben sie den Anschein, das Gewebe habe eine größere Rißfestigkeit, als es wirklich besitzt, da das Appret zwischen die Gewebeporen dringt und das Gewebe scheinbar armiert. Den Nachteil der vergärbaren Produkte haben wir schon bei Ramie besprochen. Es sollten für Aviatik nur gut entschlichtete, dekatierte Stoffe verwendet werden.

Es kommt oft der Fall vor, daß Gewebe wohl entsprechen, daß man aber eventuell eine höhere Rißfestigkeit erhalten möchte, ohne stark im Preise höher zu gehen; in diesem Falle läßt sich dies durch Änderung der Dichte der Fäden in e i n e r Weberichtung erreichen; erhöht man die Anzahl der Fäden nur in einer Richtung um etwas, so wird die Rißfestigkeit nicht nur in dieser einen Richtung sondern auch in der anderen Richtung erhöht, aus dem Grunde, da die Fasern der zweiten Richtung nicht allein auf Zug, sondern auch zum Teil auf Kompression beansprucht werden.

Wie bei der Luftschiffahrt, so ist auch in der Aviatik möglichst reine Zellulosefaser, möglichst langer Stapel, möglichst geringe Vorgeschichte des Gewebes, möglichste Abwesenheit von Fremdstoffen, auch von Färbung, und möglichst dichte Webart dasjenige, was man von einem guten Aeroplanstoff fordern soll. Diesen Forderungen wird am besten heutzutage durch einen guten Rohleinenstoff entsprochen.

XII. Kapitel.

Das Problem der Flugzeugbespannung: gummierte Stoffe, geleimte Stoffe.

Der Flugzeugkonstrukteur verlangt von seiner Flügelbespannung:

1. eine möglichst große Impermeabilität gegen Feuchtigkeit, also Stabilität bei Änderungen in der Atmosphäre;
2. eine möglichst gleichmäßige unveränderbare Form.

Die Wasserdichtigkeit wurde lange Zeit mit denselben Mitteln zu erhalten gesucht, mit welchen man die Gasdichtigkeit bei Luftschiffen zu erzeugen versuchte, und dies wurde so weit getrieben, daß die einzelnen Flugzeugstoffabrikanten die Wasserdichtigkeit der Flugzeugstoffe mit der Gasdichtigkeit der Luftschiffhüllen direkt verwechselten. In den Anfangsstadien der Aviatik wurden die Flugzeugstoffe ausschließlich von den Gummifabriken geliefert. Diese gummierten Stoffe hatten aber den großen Nachteil, daß sie einesteils sehr elastisch waren, anderseits aber ihre Impermeabilisierung nach sehr kurzer Zeit verschwand. Die Luft und das Licht zerstörten in kürzester Zeit den Kautschuk. Die Elastizität der Flugzeugbespannung hat auch sehr große Nachteile. Der Stoff wird bekanntlich mit Nägeln oder mit sog. Hosen auf das Flügelgerippe befestigt. Während des Fluges herrscht aber, wie bekannt, unter dem Flügel Kompression, über dem Flügel Depression. Ist der Flugzeugbespannungsstoff elastisch, so wird er oben sich zwischen den Rippen, wo er befestigt ist, aufbauschen, unten zwischen den Rippen etwas eindrücken. Hierdurch erfolgt 1. Vergrößerung des Flügelquerschnittes, also Verminderung der Penetrationsfähigkeit; 2. Vergrößerung der Reibungsoberfläche gegenüber Luft; 3. infolge Bildung von kleinen Tälern und Erhebungen erfolgt Bildung von kleinen Luftwirbeln, welche ebenfalls geschwindigkeitshindernd wirken. Diese Nachteile allein hätten schon genügt, um den kautschutierten Stoffen in der Flugzeugindustrie die Verbreitung zu verhindern. Hierzu kamen aber noch weitere Nachteile. Verwendet man den kautschutierten Stoff mit der Gummischicht gegen die Außenluft gewendet, so wird sie, wie schon oben bemerkt, in kürzester Zeit zerstört und die Bespannung wird wasserdurchlässig. Kehrt man, wie es auch vorgeschlagen wurde, die Gummiseite nach innen, so verfehlt die Gummierung ganz ihren Zweck, denn sie soll nicht dazu dienen, die Flügel gasdicht, sondern wasserdicht zu machen. Man schritt nun zur beiderseitigen Gummierung; dies aber behob die meisten der Schwierigkeiten nicht. Der dritte große Nachteil der gummierten Stoffe war ihre große Aufnahmefähigkeit für das aus dem Motor ausgespritzte Öl und eventuell Benzin. Dies machte sogar eine Beschwerung von 13 kg für einen Flug von 176 km bei einem Doppeldecker aus. Aber nicht nur die Beschwerung der Flügel ist in diesem Falle unangenehm; es schwebt noch die Feuersgefahr über dem Flieger. Ein Funken, ein Flammenrückschlag vermag die ganze mit Brennstoffen vollgesogene Bespannung momentan in Brand zu setzen. Mancher Todesfall wurde hierdurch hervorgerufen (z. B. Leutnant Princeteau im Juli 1911 bei Palaiseau in Frankreich).

Bald suchte man die gummierten Stoffe zu ersetzen und griff natürlich wieder zu den in der verwandten Industrie der Aeronautik erprobten Produkten. Man stellte geölte Stoffe her. Deren Haltbarkeit war zwar etwas größer, sie hatten aber den schon bei der Aeronautik erörterten Nachteil, durch ihre Zusammensetzung auf das Fasermaterial zerstörend zu wirken. Auch ihre Elastizität führte dieselben Nachteile herbei wie die Elastizität der Gummistoffe, und die Aufnahmefähigkeit gegenüber Schmieröl ist nicht geringer als die des Kautschuks. Trotzdem hatte dieses Produkt eine Zeitlang Verwendung: es wurde hauptsächlich von *Michelin* fabriziert, und am Aerosalon von 1911 waren die *Blériot*schen Flugzeuge mit einem solchen geölten Stoffe bespannt.

Hauptsächlich in England kamen dann im Jahre 1911 die mit Kollodium-Rizinusöl bestrichenen Aeroplanstoffe (vgl. die Hartschen und Simmondschen Patente) in den Handel. Gegenüber Gummi und Öl zeichneten sie sich durch ihre Haltbarkeit aus, jedoch ihre Elastizität war die des gummierten Stoffes und führte dieselben Nachteile mit sich; außerdem aber ist die Schicht etwas hygroskopisch und besonders infolge Gegenwart von Nitrozellulose feuergefährlich.

Einen bedeutenden Erfolg konnten diese wasserdichten Stoffe nicht verzeichnen.

Wie schon im Eingang dieses Kapitels bemerkt, suchen die Flugtechniker einerseits wasserdichte Stoffe, anderseits eine unabänderliche Form des Flügels, also auf dem Flügel vorzüglich aufgespannte Stoffe. Beide Resultate zugleich ließen sich lange Zeit nicht erreichen. Während einige sich den nicht gut aufspannbaren Stoffen anbequemten und deren Nachteile beim Flug und ihre Gefährlichkeit mit in den Kauf nahmen, suchten andere eine bessere Spannung zu erreichen. Ein aus einem Schüler der Kunstakademie zum berühmten Aviatiker gewordener Konstrukteur, *Gabriel Voisin*, wandte zuerst zum Spannen der Flugzeugstoffe, die er ohne Dichtungsmittel anwandte, auf dem Gerippe dasselbe Verfahren an, das er zum Aufspannen der Leinwand auf Malrahmen benutzt hatte: er bestrich das aufgespannte Gewebe mit Kleister. Nach dem Eintrocknen erhielt er eine schöne, glatt gespannte Fläche, welche beim Fluge in trockenem Wetter auch nicht mehr in demselben Maße wie Gummistoffe die Ausbauchungen an den Flügeln zeigte. Bald wurde im allgemeinen für dieselben Zwecke der Leim, sowohl Pflanzen- wie auch Tierleim, benutzt, und man erhielt ziemlich straff gespannte Stoffe, wenn das Wetter trocken war. Änderte sich aber die Feuchtigkeit der Luft, so nahmen diese appretartigen Produkte, die äußerst hygroskopisch waren, an Gewicht zu, die Spannung ließ nach und man war dort, wo man mit den Gummistoffen gewesen ist. Ein bekannter Flugtechniker sagte sogar Ende 1910, daß man ein Flugzeug jeden Tag, je nach dem hygroskopischen Zustand der Luft, einstellen muß. Ließ man überdies die so behandelten Flugzeuge einige Tage lang an einem dunklen Orte stehen, so waren sie mit einer dichten Mikrobenflora bewachsen, in welcher die Aspergillusarten mit den Penizillumarten an Üppigkeit wetteiferten.

Man versuchte eine ganze Reihe von Mitteln, um diese Übelstände zu vermindern, denn es kam oft vor, daß, wenn man ein Flugzeug den Abend vorher schön eingestellt hatte, es am nächsten Morgen infolge der Hygroskopizität der Bespannung überhaupt flugunfähig war. Im Regen konnte man (wir sprechen von 1909—1910) die Flugzeuge überhaupt nicht herausholen, und wurde zu seinem Unglück ein Flieger in der Luft von einem Regenschauer erreicht, so war ein oft mit schweren Unglücksfällen verbundener Sturz die Folge (Delagrange). *Henri Farman* fand ein ziemlich populär gewordenes Verfahren, seinen Leim vor Luftfeuchtigkeit wenigstens teilweise zu schützen. Er beklebte sein Flugzeug, nachdem er den Stoff mit Leim gespannt hatte, mit gutem, ausgiebig geharztem Papier. Dies war schon ein Fortschritt, wurde aber mit großer Gewichtsvergeudung erkauft, und auf das Gewicht mußte man damals, zur Zeit der allzu schwachen Motoren und der schlechten Flügelprofile, großes Gewicht legen!

Unterdessen griff man in Amerika für die motorlosen Gleitflieger auf ein von *Chanute* 1904 beschriebenes Verfahren zurück, statt Leim die Drachenflächen mit Rizinusöl-Kollodiumlösung, der etwas Kanadabalsam zugesetzt war, zu bestreichen. Zwar ergab dies etwas Spannung, aber nur teilweise im gewünschten Maße. Die Elastizität der Stoffe blieb die gleiche wie vorhin und ihre Hygroskopizität, verglichen mit geleimten Stoffen, war nicht geringer, denn Nitrozellulose ist bekanntlich ziemlich hygroskopisch! Außerdem hatte dieses Verfahren den Nachteil, unter der großen chemischen Unstabilität von Kollodiumwolle zu leiden. Unter dem Einfluß von Luft, Licht und Atmosphärenkohlensäure spaltet nämlich Nitrozellulose bekanntermaßen nitrose Gase ab, welche die Unterlage bildenden Fasermaterialien als Säuren angreifen. Hochnitrierte Nitrozellulose bedarf hierzu nicht einmal des Lichtes; die Abspaltung erfolgt spontan (Explosion des franz. Kriegsschiffes »Jena«). Auch ist die Wirkung von Zaponlack (Kollodiumwollelack) auf messingene Präzisionsinstrumente bekannt. Dieses Verfahren wurde also bei Verkennung sämtlicher chemisch in Betracht kommenden Momente angewendet, und man hütete sich auch wohl, es auf Motorflugzeuge anzuwenden, denn hier wäre die Explosionsgefahr denn doch zu hoch gewesen.

Im Jahre 1909 schlug Müller (D. R. P. A. 36 615/77) vor, Flugzeuge mit Zelluloseazetatfolien zu umwickeln oder mit Stoffen zu bespannen, welche mit solchen Zelluloseazetatfilms gasdicht gemacht wurden. Dieser Vorschlag, der in der Praxis nicht zur Ausführung kam, bietet nur gegenüber den gummierten Stoffen einen Vorteil, indem die Aufnahmefähigkeit für Öle herabgemindert wird; diese Stoffe lassen sich aber nicht so gut auf das Gerippe spannen wie gummierte oder Rohstoffe und dehnen sich außerdem infolge Mangels einer chemischen Spannung wie die Pegamoid- oder Gummistoffe. Vgl. S. 88, 89.

Das Problem, zugleich gut stabil gespannte, stabile, von der Hygroskopizität der Atmosphäre unabhängige Flugzeugbespannungen herzustellen, die also zugleich absolut wasserdicht und absolut festgespannt waren, wurde erst Ende 1910 gelöst.

XIII. Kapitel.

Chemische Spannung der Flugzeugflächen.
Emaillitierung; Erfolge; Gründe dieser Erfolge.

———

Gegen Ende des Jahres 1910 stand also das Problem einer wirklich brauchbaren Flugzeugbespannung noch offen. Die gebräuchlichen Flugzeugbespannungsmethoden ergaben entweder eine gute Spannung, aber gepaart mit starker Hygroskopizität, oder sie gaben eine gute Wasserdichtigkeit, aber ohne die für das gute Fliegen unumgänglich nötige Spannung.

In diesem Moment tauchte das sog. *Emaillitverfahren* auf, dessen erstes Patent vom 7. Oktober 1910 stammt. Es kam nämlich vom Oktober 1910 an ein Speziallack unter dem Namen Emaillitlack für Flugzeugbespannungen in den Handel, der, wenn er auf Flugzeugflächen, welche mit unimprägnierten rohen Geweben bespannt waren, aufgestrichen wurde, diese Gewebe nicht nur vollständig wasserdicht, gasdicht und öldicht machte, sondern auch das Gewebe auf dem Flugzeuggerippe tadellos aufspannte und somit die damals brennende Frage der Flugzeugbespannung mit einem Schlage löste. Diesen durch den hauptsächlich aus Azetylzelluloselösungen bestehenden Lack erhaltenen Vorteilen schloß sich noch ein dritter, ganz unerwarteter Vorteil an: die mit diesem Lacke bestrichenen Gewebe erhielten nach dem Trocknen des Anstrichs eine um ca. 40 bis 50 % erhöhte Rißfestigkeit, was um so sonderbarer war, da bei Behandlung von ähnlichen Geweben an Drachenfliegern nach dem Verfahren von Chanute mit dem sehr nahestehenden Nitrozellulose-Rizinusöllack eine solche Rißfestigkeitsvermehrung nicht konstatiert werden konnte.

Durch diese dritte Eigenschaft wurde der neue Lack auch ökonomischer als jede andere Flugzeugbespannungsmethode. Es gelang in der Tat, durch diese merkwürdige, rißfestigkeitserhöhende Eigenschaft des Emaillitlacks statt der teuren, schweren, starken Gewebe leichtere, schwächere, billigere Produkte zu nehmen, deren geringere Rißfestigkeit durch das Emaillitieren sehr leicht auf dieselbe Rißfestigkeit gebracht werden konnte, als diejenige starker Stoffe.

Zweite Lackierung

Faser

Erste Lackierung

Fig. 65.

Die Gründe dieser unerwarteten Rißfestigkeitsvermehrung dürften in folgendem liegen: Die dünnflüssige Zelluloseazetatlösung dringt in die Maschen zwischen den Gewebefäden ein und füllt den zwischen je vier Fäden befindlichen Hohlraum aus (vgl. Fig. 66). Nach dem Verdampfen des Lösungsmittels verbleibt in dem durch vier Gewebefäden begrenzten Hohlraum ein dünnes festes Zelluloseazetatplättchen, dessen Querschnitt jedoch nicht überall die gleiche Dicke haben wird, denn infolge der kapillaren Adhäsion wird die Lösung an denjenigen Stellen, wo sie mit den Fäden im Kontakt ist, in größeren Mengen vorhanden sein als in der Mitte des Hohlraumes; an den Wänden des Hohlraumes wird also eine größere Menge Lack und nach dem Trocknen eine dickere Schicht Zelluloseazetat zurückbleiben. Wenn wir nun eine Gewebemasche in der Richtung der Linie A B (Fig. 66) durchgeschnitten

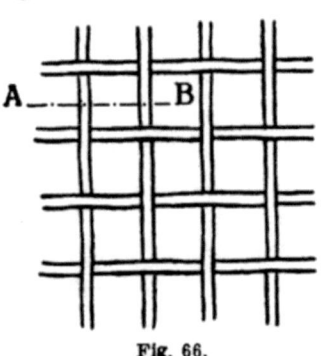

Fig. 66.
Schematische vergrößerte Darstellung eines Gewebes.

denken, so erhalten wir das in der Fig. 65 wiedergegebene Bild; die in jeder Masche zurückgebliebenen Zelluloseazetatplätt- chen haben den ungefähren Querschnitt eines Doppel-T-Trägers. Die. Richtigkeit dieser Ansicht ist sowohl mit dem Mikroskop sowie durch Anwendung von mit leichten Pigmentfarben gefärbten Emaillitlacken (man nimmt Pigmentfarben, damit die Faser sich nicht anfärbe), deren Farbe nur zwischen den Fäden, also bei den Maschen durchschlägt, nachweisbar.

Wenn nun das so armierte Gewebe parallel der einen oder der anderen Faserrichtung auf Riß beansprucht wird, so finden wir, daß jede Faser mit der anderen mittels eines Plättchens vom

Querschnitt eines Doppel-T-Trägers zusammengeklebt ist, und daß dieses Plättchen auf Scherung und Zerknickung beansprucht wird. Gegen diese Beanspruchung ist aber die Form eines flachen Doppel-T-Trägers besonders günstig, und es darf nicht vergessen werden, daß das Material, aus dem dieses Plättchen besteht, eine Festigkeit von 8 kg pro 9 mm Querschnitt besitzt. Wird also ein so armiertes Gewebe auf Rißfestigkeit geprüft, so muß ein Teil der Arbeit, die zum Reißen verwendet wird, zur Zerstörung der unter besonders günstigen Umständen widerstehenden Zelluloseazetatarmatur verwendet werden, so daß ein bedeutendes Mehr an Leistung zum definitiven Reißen des Gewebes notwendig wird.

Dieses Emaillitverfahren ergibt also für die Bespannung eine besondere Erhöhung des Sicherheitskoeffizienten und dabei noch eine für die aviatische Industrie immer sehr willkommene Gewichtsersparnis.

Die Rißfestigkeitsvermehrung ist abhängig von der Dichtigkeit des Gewebes sowie von dessen sonstigen Eigenschaften. Je weniger Appret das Gewebe besitzt, um so freier sind seine Maschen, um so günstiger wird das Emaillit wirken. Versuche mit einem Baumwollperkal in rohem, gummiertem, geöltem und emaillitiertem Zustande ergaben folgende Tabelle, die sich auf Rißproben von Bändern von 50 mm Breite und 150 mm Länge (frei zwischen den Backen des Dynamometers gemessen) bezieht:

	Schuß	Kette	Gewicht pro qm	Gütegrad
Rohperkal	45,2 kg	42,3 kg	121 g	3,6
Gummierter Perkal .	45,1 »	42,4 »	181 »	2,4
Gefirnißter » .	42,0 »	39,3 »	219 »	1,6
Emaillitierter » .	55,3 »	51,2 »	149 »	3,7

Diese Tabelle ergibt unzweifelhaft die besondere Überlegenheit des Emaillitverfahrens gegenüber den bis dahin üblichen Verfahren.

Es ist selbstverständlich, daß, je mehr Emaillit man auf die Gewebe aufträgt, um so größer deren Rißfestigkeit wird. Vom praktischen Standpunkt jedoch ist es geboten, bei einem gewissen Punkte haltzumachen. In der Fig. 68 ist es graphisch dargestellt, wie sich die Rißfestigkeit mit der Gewichtszunahme des Gewebes ändert. Nachdem die Zunahme der Rißfestigkeit bei dem in dieser Figur charakterisierten, 110 g wiegenden Baumwollperkal bei 40 g Gewichtszunahme ungefähr 1250 kg erreicht hat, ergibt eine weitere

Lackschicht keinen Rißfestigkeitszuwachs mehr. Es ist also geboten, bei dieser Grenze stehen zu bleiben. Man kann die Lackie-
rungsgrenze für eine gegebene Gewebeart mittels der in Fig. 68
wiedergegebenen Methode bestimmen. Man trägt auf die Ab-

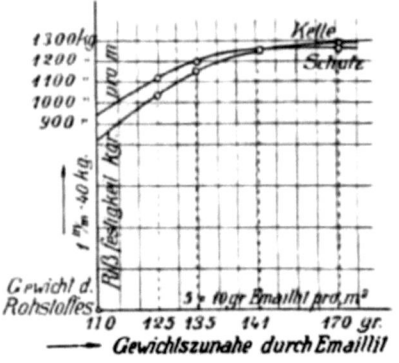

Fig. 67.

szissenachse eines Koordinatensystems die Prozente Gewichtszunahme, in der Ordinatenrichtung die dazugehörigen Rißfestigkeitszunahmen in Prozenten auf. Sobald die Kurve die unter

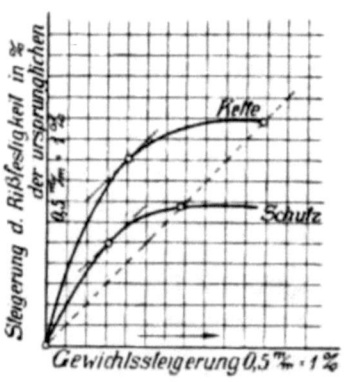

Fig. 68.

dem Winkel von 45⁰ gehende Linie schneidet, d. h. sobald einem
gewissen Prozentsatz Gewichtszunahme nicht mehr derselbe Prozentsatz an Rißfestigkeitszunahme entspricht, so ist das weitere
Lackieren unwirtschaftlich und ist eher ein Beschweren des Gewebes. Ist die zur Schußrichtung des Gewebes gehörige Kurve

stark von der anderen Kurve unterschieden wie in Fig. 69, so bleibt man bei demjenigen Punkte stehen, bei welchem die Riß festigkeiten in beiden Richtungen ungefähr gleich sind, oder aber man bestimmt, bei welchem Punkte die 45⁰-Tangente die Kurve berührt. Von diesem Punkte an ist die Gewichtsvermehrung nicht mehr so rationell wie bis dahin. In der Praxis konnte man sich mit einer durchschnittlichen Gewichtszunahme von 40 bis 45 g pro qm Bespannungsstoff begnügen. Diese werden gewöhn-lich mittels zweier verschiedenen Lösungen aufgetragen: die erste Lösung, die zu den zwei ersten Schichten gebraucht wird, ist derart zusammengestellt, daß bei möglichst geringer Viskosität, also bei möglichster Leichtflüssigkeit der Lösung, diese Lösung möglichst konzentriert, d. h. reich an Zelluloseazetat sei. Hier-durch dringt sie leicht in die Poren ein und hinterläßt dort eine möglichst ansehnliche Schicht. Beim Auftragen sei darauf zu achten, daß die Luft nicht allzu feucht sei und daß man bei der ersten Schicht den Pinsel in der Schußrichtung, bei der zweiten Schicht in der Kettenrichtung führt. Man vermeide sorgfältigst das regellose Hin- und Herziehen des Pinsels. Die dritte Schicht wird mittels eines speziellen Lackes, der langsamer als der der ersten Schichten verdunstet, hergestellt; hierdurch bekommt die Schicht die zum Glätten und regelmäßigen Eintrocknen notwendige Zeit. Die eventuell zum Vorschein kommenden weißen Flecken, welche auf Kondensation von Luftfeuchtigkeit infolge raschen Verdampfens der mit Wasser mischbaren Lösungsmittel der ersten zwei Schichten zurückzuführen sind, verschwinden beim Ver-wenden einer etwas stärkeren Schicht des letzteren, langsam trocknenden Lackes.

Außer den schon aufgezählten Vorteilen besitzt das Emaillit-verfahren gegenüber den anderen Flugzeugbespannungsmethoden noch den Vorteil, daß es den Flugzeugen eine äußerst glatte Ober-fläche verleiht. Bei sorgfältiger Beobachtung der Oberfläche eines gummierten Flugzeugstoffes sieht man an der Oberfläche ein Heer von feinen Fädchen, welche sich beim Fluge als Luftwiderstand geltend machen. Bei geölten Stoffen bilden sie mit dem auf ihnen aufgetrockneten Öl Klumpen. Beim Emaillitverfahren ist aber die Stoffoberfläche spiegelglatt.

Der Reibungswiderstand der Luft wurde in letzter Zeit so-wohl für gewöhnliche, nicht bestrichene Flugzeugflächen, sowie für mit Celluloseacetat (Emaillitlack) bestrichene Flugzeugflächen von Prof. *Maurain* und seinen Mitarbeitern im äronautischen Institut von St. Cyr gemessen.[1]) Die hierbei beobachteten Resultate ergaben, daß die Reibung der mit Celluloseacetatlack behandelten Fläche der Luft gegenüber nicht größer ist, als die Reibung einer gleich großen hochpolierten Stahlfläche. Im Vergleich mit nichtbestrichenen Flugzeugflächen (gewöhnlicher Baumstoff) ergab es sich, daß letztere eine um 70 % größere Reibung zeigten als die lackierten Flugzeugflächen.

Da das Emaillit die Stoffe ganz vorzüglich aufspannt, werden diese infolge der Kompression unterhalb und der Depression oberhalb des Flügels nicht mehr die bei Gummistoffen beobachteten Ausbuchtungen haben; die Reibungsoberfläche sowie der Flügelquerschnitt werden vermindert. Hierdurch sowie durch das Fehlen der Fädchen und Klümpchen an der Oberfläche erklärt sich die unbestreitbare Geschwindigkeitszunahme bei den mit Emaillit bestrichenen Flugzeugen gegenüber mit anderen Stoffen bespannten Flugzeugen. Diese Geschwindigkeitszunahme ergab bei einzelnen Beobachtungen bis zu 18%. Sämtliche Geschwindigkeitsrekorde wurden auch durch die so mit Zelluloseazetat behandelten Flugzeuge errungen.

Da das Emaillit gegenüber Öl und Benzin unempfindlich ist, ebenso wie gegen Feuchtigkeit, hat man vom Wetterwechsel bei den so behandelten Flugzeugen nichts zu befürchten; sie sind immer, in Sonne, Wind, Regen und Nebel, flugbereit. Die Ölausspritzung aus dem Motor haftet nicht an den Geweben; die Feuergefährlichkeit ist ausgeschlossen. Schüttet man z. B. Benzin auf die so behandelte Flugzeugoberfläche und zündet man an, so brennt das Benzin ruhig ab, ohne die Flamme dem imprägnierten Gewebe mitzuteilen.

Ein interessanter Fall ereignete sich im Sommer 1912 diesbezüglich. Ein französisches Militärflugzeug fing in der Luft durch Flammenrückschlag Feuer. Der Pilot stellte sofort den Motor ab, ging im Sturzflug zu Boden, löschte den Brand und konnte, da das Flugzeug kaum beschädigt war, nach kurzer Zeit und Reparatur wieder abfliegen. Ein Jahr früher jedoch starb unter

---

[1]) Vgl. Comptes Rendus Ac. des Sc. 8. Dez. 1913.

denselben Umständen bei einem mit Gummistoff bespanntem Flugzeug der Pilot.

Das Verfahren hat auch neben den anderen den Vorteil der Billigkeit. Während z. B. bei gummierten Stoffen, bei Pegamoid, das zum Bespannen der Flügel notwendige Material im fertig imprägnierten Stoff zugeschnitten wird, der Abfall also aus teurem imprägnierten Stoff besteht, hat man beim Emaillitverfahren nur Rohstoff anzuwenden. Das Imprägnieren geschieht, *wenn der Stoff schon auf dem Gerippe aufgespannt ist*, und der Abfall besteht aus dem bedeutend billigeren Rohstoff.

Beim Bespannen des Flugzeuges mit dem Rohstoff sei darauf zu achten, daß die Kontraktion, die durch das Emaillitieren erfolgt, ca. 0,4% ausmacht, es ist also nicht geraten, den Rohstoff allzu straff auf dem Gerippe zu spannen.

Will man den emaillitierten Flugzeugen eine Farbe geben, so ist es geraten, entweder gefärbte Stoffe zu nehmen oder auf die Emaillitschicht eine mit Pigmenten gefärbte Kopallackschicht zu bringen (vgl. franz. Pat. Nr. 446 627).

Die mit löslichen Anilinfarben gefärbten Zelluloseazetatlacke geben nämlich sehr ungleiche Färbungen; wenn man unlösliche Pigmente hinzufügt, erhält man wenig resistente, brüchige Schichten, die keine dauerhaften Rißfestigkeitszunahmen ergeben. Der letzte Anstrich mit Kopallacken ergibt aber gleichmäßig gefärbte Flächen.

Es muß unbedingt davor gewarnt werden, das Zelluloseacetat mit Pigmentfarben zu färben, wie es von einigen versucht wurde. Die so entstehenden Imprägnierungsschichten sind alle viel zu brüchig und zu starr, die Spannung zu groß. Dies ist auch leicht verständlich, wenn wir in Betracht ziehen, daß die kleinen Armaturplättchen mit inerten Pigmenten versehen werden, die darin so wirken wie die Charge im Kautschuk oder wie der Sand im Beton. — Ein chargierter Kautschuk ist aber weniger widerstandsfähig als ein reiner Kautschuk und ist auch viel brüchiger; ebenso ist ein reiner Zementträger widerstandsfähiger und elastischer wie ein Betonträger, der vom Zementträger nur durch die Beimischung von inerten Charge — Sand — sich unterscheidet. (Vgl. S. 150.)

Eine weitere Warnung sei bezüglich der L ö s u n g s m i t t e l d e r A z e t y l z e l l u l o s e - L a c k e ausgesprochen. Einige Firmen brachten solche Lacke in den Handel, die mit Tetrachloraethan als Acetylzellulose-Lösungsmittel hergestellt waren. Dies geschah, speziell in Frankreich, auf Grund einer für Tetrachloraethan als Acetylzellulose - Lösungsmittel betriebenen Campagne von *Clement* und *Rivière*[1]), und hatte die traurigsten Folgen, da mehrere Arbeiter, besonders diejenigen, die zum Alkoholgenuß neigten, nach Benützung solcher Lacke von schweren Unwohlsein befallen wurden, das in einigen Fällen mit dem Tode der Arbeiter endete. In Deutschland wurde das Produkt bald verboten. Das Tetrachloraethan steht in seiner physiologischen Wirkung dem Chloroform nahe, übertrifft dies an Giftigkeit aber um das vierfache[2]).

---

[1]) Revue de Chimie industrielle, 1913, Februar.
[2]) Vgl. Veley. Proceedings of Royal Society 1910 Januar.

XIV. Kapitel

Einfluß des Emaillitierens auf die Regelmäßigkeit und Rißfestigkeit der Bespannungsgewebe.

Die durch gewöhnliche Rißfestigkeitsversuche erhaltenen Resultate genügen nicht, um ein definitives Urteil über die Qualität eines Stoffes sowie über dessen Qualitätsänderung nach der einen oder der anderen Behandlungsart zu bilden. Jeder für die Aviatik bestimmte Stoff müßte derart untersucht werden, daß man den Zusammenhang festlegt, der zwischen der Dehnung des Stoffes und der Belastungsänderung herrscht, so daß man in jedem Moment imstande sei, mittels graphischer oder aber auch mittels mathematischer Methoden bei jedem Stoff feststellen zu können, welche Dehnung einer beliebigen Belastung entspricht; es sollte also jede Gewebeprüfung ein Gewebediagramm ergeben (vgl. Kapitel IX). Dieses Gewebediagramm kann man mit Leichtigkeit bei entsprechend konstruierten Dynamometern erhalten; so z. B. kann des in der Fig. 7 abgebildete Dynamometer oder der Schoppersche Dynamometer mit solchen automatisch registrierenden Apparaten versehen werden, die diese Diagramme direkt ergeben.

Diese Methode wurde auch zum gründlichen Vergleich emaillitierter und nicht emaillitierter Gewebe benutzt[1]).

Zur Untersuchung gelangte einerseits ein sehr guter Leinenstoff, anderseits ein gewöhnliches, billiges Wergleinengewebe. Beide Stoffarten wurden sowohl in rohem wie auch in emaillitiertem Zustande aufs gründlichste untersucht, um diese im vorigen Kapitel erwähnte Gleichwertigkeit von billigem, schwächerem, emaillitiertem Stoff mit teurerem, stärkerem, gummiertem Stoff (der sich betreffs der Dehnung und Rißfestigkeit ebenso verhält wie ein Rohstoff ohne Gummischicht) zu prüfen. Es wurde von der Unter-

---

[1]) Bull. Inst. de St.-Cyr 1912, II. Bd.

suchung anderer Textilmaterialien abgesehen, weil sie mit der
Zeit doch aus dem Allgemeingebrauch in der Aviatik infolge ihrer
erwähnten ungünstigen Eigenschaften verdrängt werden dürften.

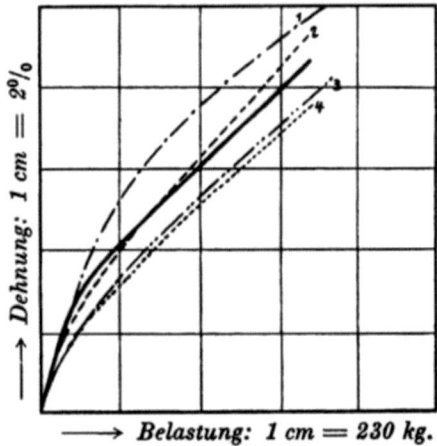

Fig. 69.
Rißfestigkeitsdiagramm des Wergleinens in rohem oder
gummiertem Zustand. Kettenrichtung.

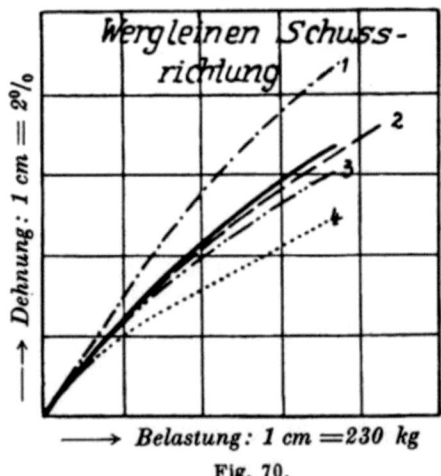

Fig. 70.

Die Untersuchung wurde, wie folgt, ausgeführt: Zwischen den
Backen eines Federdynamometers, das sorgfältig geaicht war,
wurden die Stoffmuster von 33 mm Breite so eingespannt, daß
nur 100 mm Länge des Bandes frei blieb, das übrige zwischen
den Backen festgeklemmt war. So ergab die abgelesene Dehnung.

sofort die Dehnung in Prozenten; die abgelesene Belastung, mit 33 · 3 multipliziert, ergab die Festigkeit in kg pro m. Das Wergleinengewebe war ein Stoff mit 24 Fäden in Schuß, 27 Fäden in Kettenrichtung, das 125 bis 130 g pro qm wog und einen mittleren Rißwiderstand von ca. 800 kg pro m in beiden Richtungen hatte. Es entsprach dieser Stoff im allgemeinen denjenigen Geweben, welche auf den *Nieuport*-Flugzeugen angewendet werden.

Der feinere Leinenstoff, der dem von den *Deperdussin*-Werken angewandten Typ nahestand, wog ca. 140 bis 145 g pro qm, bestand aus 33 Ketten- und 34 Schußfäden und besaß eine Rißfestigkeit von ungefähr 1100 kg in Schuß- und 1300 kg in Kettenrichtung. Von jeder Stoffqualität wurden drei bis vier ganz gleiche Muster untersucht, die erhaltenen Diagramme übereinanderkopiert und aus dem so erhaltenen Kurvenbüschel die den Mittelwert bildende Kurve herauskonstruiert.

Die mit dem Wergleinen erhaltenen Resultate, deren Diagramme in den Fig. 69 u. 70 wiedergegeben sind, sind in den folgenden Tabellen zusammengefaßt:

Wergleinen. Kettenrichtung.

Nummer des auf Fig. 69 entsprechenden Diagramms	Rißfestigkeit in kg pro m	Dehnung in mm auf 100 mm Band = % der ursprünglichen Länge
4	822,4 kg	8,8
1	843,6 »	11,2
2	642,5 »	9,0
3	745,0 »	7,2
Mittelkurve = Mittelwert	762,0 kg	9,2

Wergleinen. Schußrichtung.

Nummer des auf Fig. 70 entsprechenden Diagramms	Rißfestigkeit in kg pro m	Dehnung in mm bei einer Länge von 100 mm = % der ursprünglichen Länge
2	838,8 kg	6,5
1	979,2 »	10,7
3	747,6 »	8,0
4	661,5 »	8,3
Mittelkurve = Mittelwert	805,0 kg	8,4

Aus diesen beiden Tabellen ersehen wir, daß das Wergleinen wohl keinen schlechten Gütegrad besitzt, aber den Nachteil hat, sowohl in der Webung wie auch in bezug auf Fäden sehr ungleichmäßig zu sein, und daß bedeutende Festigkeitsunterschiede zwischen Schuß- und Kettenrichtung vorhanden sind. Das Kurvenbündel der Fig. 69 u. 70 zeigt zur Genüge, daß die einzelnen Proben untereinander ziemlich verschieden sind; die Widerstände zeigen einen

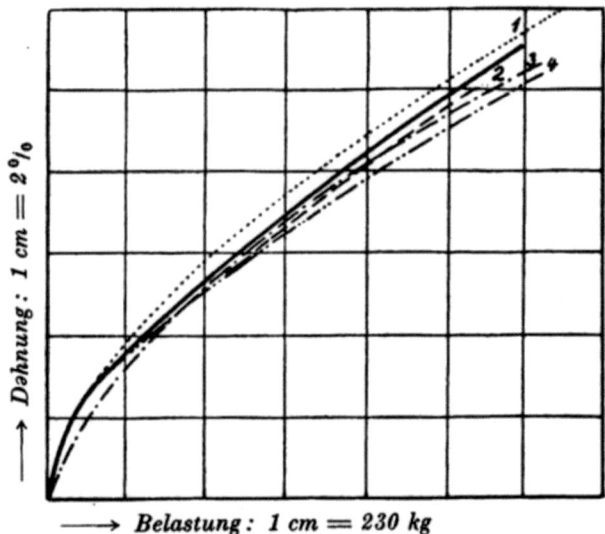

Fig. 71.
Diagramm des feinen Leinenstoffes. Kettenrichtung.

Abstand von 15% herum um den Mittelwert, die Dehnungen wechseln sogar um mehr als 20% um den Wert der mittleren Dehnung. Die Streuung beginnt aber, wie leicht zu bemerken ist, nur über den Wert von 100 bis 120 kg pro Belastung wirklich bedeutend zu werden.

Bezüglich der Regelmäßigkeit ist das Benehmen des feinen Leinwandgewebes, das unter genau den gleichen Bedingungen untersucht wurde, bedeutend günstiger. Die einzelnen Versuchsdiagramme dieses Gewebes sind in den Fig. 71 u. 72 genau so zusammengestellt wie vorhin für das Wergleinengewebe. Die einzelnen Resultate der Rißfestigkeit und Dehnung sind in folgenden Tabellen gegeben.

Feiner Leinenstoff. Kettenrichtung.

Nummer des diesem Versuch auf Fig. 71 entsprechenden Diagramms	Rißfestigkeit in kg pro m	Dehnung in mm bei einer Länge von 100 mm = Dehnung in % der ursprünglichen Länge
2	1280 kg	10,0
1	1500 »	10,8
3	1386 »	10,0
4	1436 »	11,1
fehlt in Fig. 71	1424 »	10,6
Mittel . .	1405 kg	10,5

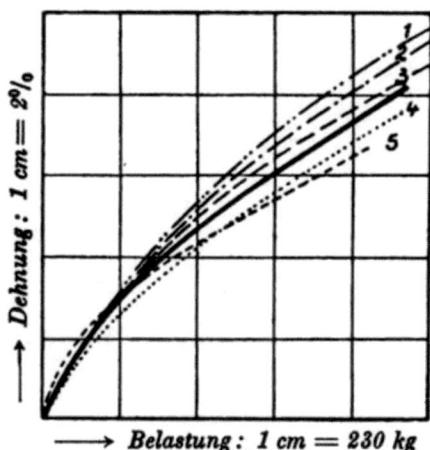

Belastung: 1 cm = 230 kg

Fig. 72.

Diagrammbündel des feinen Leinenstoffs. Schußrichtung.

Feiner Leinenstoff. Schußrichtung.

Nummer des diesem Versuch auf Fig. 72 entsprechenden Diagramms	Rißfestigkeit in kg pro m	Dehnung in mm bei einer Länge von 100 mm = Dehnung in % der ursprünglichen Länge
5	1028 kg	7,8
4	1128 »	9,0
1	1145 »	8,0
2	1093 »	9,0
3	1178 »	9,0
Mitteldiagramm = Mittelwert	1116 kg	8,6

Gegenüber dem Wergleinengewebe ist es sehr auffällig, die
Gleichmäßigkeit der Proben zu konstatieren. In der Kettenrichtung ist der Abstand vom Mittelwert, sowohl was Rißfestigkeit
wie auch was Dehnung anbetrifft, kaum mehr als 8%, bei der
Schußrichtung sogar nur 7%. Aber auch hier ist zu bemerken,
daß zwischen Festigkeit und Dehnung, sowohl in Schuß- wie in
Kettenrichtung, ein bedeutender Unterschied vorhanden ist.

Vergleichen wir die beiden Gewebe mittels ihrer Diagramme.
Dies kann derart geschehen, daß wir die Mittelwertdiagramme

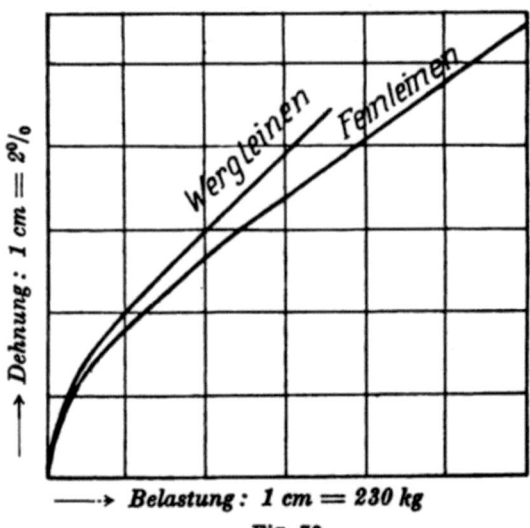

Fig. 73.

Vergleich von Wergleinen und Feinleinen mittels ihrer Mittelwert-
Diagramme. Kettenrichtung.

der vorherigen Versuche sowohl für Schußrichtung (Fig. 74) wie
auch für Kettenrichtung (Fig. 73) bei beiden Geweben überein-
anderlegen und den Verlauf dieser beiden Kurvenpaare beobachten.
Wir ersehen sofort, daß die beiden Diagramme einer jeden Richtung
zu Beginn der Belastung fast identisch verlaufen, daß ein nennens-
werter Unterschied zwischen beiden Geweben erst um 200 kg
Belastung herum beginnt. Wie wir aber im nächsten Kapitel
sehen werden, wird eine Flugzeugbespannung fast nie über 200 kg
pro m hinaus beansprucht. Das Benehmen der Rohstoffe oder
der gummierten Stoffe (die die gleiche Elastizität wie die Rohstoffe haben), auf dem Flügel ist also immer identisch, ob es sich

nun um leichte, billige Wergleinen- oder um teure, feine Leinenstoffe handelt. Den einzigen Unterschied bildet der Sicherheitskoeffizient, denn die Ungleichmäßigkeit des Gewebes bei den
billigeren Stoffen kommt, wie schon oben bemerkt, nicht in Betracht, da die Streuung der Diagrammkurven, also der Unterschied
in dem Benehmen der einzelnen Muster, nur weit über den 150
bis 200 kg/m beginnt, bei welchen die Gewebe beansprucht werden.

Genau wie die Rohstoffe wurden auch die emaillitierten Stoffe
untersucht. Es wurde zuerst die Kontraktion bestimmt, die die
Stoffe erleiden, wenn sie auf einen Rahmen chemisch mit Emaillitlack gespannt werden; diese Kontraktion wurde, je nach dem

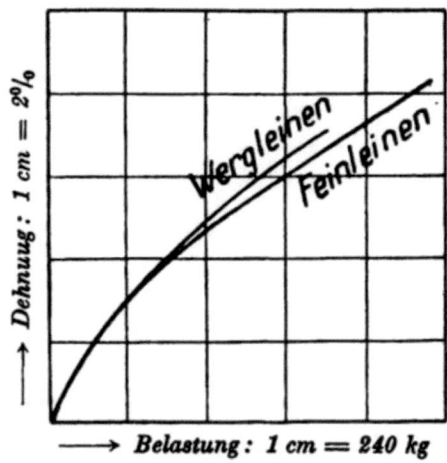

Fig. 74.
Vergleich von Wergleinen und Feinleinen mit Hilfe ihrer
Mittelwert-Diagramme. Schußrichtung.

Gewebe und der Fadenrichtung, zu 2 bis 3,5 Promille gefunden.
Auch die Kontraktionsarbeit wurde gemessen dadurch, daß ein
längeres Band zwischen den Backen des Dynamometers aufgespannt, mit Emaillit bestrichen und der auf die Feder des Dynamometers ausgeübte Zug tariert wurde. Dieser Zug war von ca.
12 bis 16 kg pro m, also ungefähr, wie wir sehen werden, 1% des
Rißfestigkeitswertes von emaillitierten Stoffen. Die Gewichtszunahme betrug 37 g pro qm, d. h. 22% des ursprünglichen Gewichtes.

Die Prüfung dieser Stoffe wurde genau so ausgeführt wie
die Prüfung der rohen Stoffe. Bei emaillitiertem Wergleinen

11*

wurden die in Fig. 75 u. 76 wiedergegebenen Diagramme erhalten; die Resultate sind aus folgenden Tabellen ersichtlich:

Emaillitiertes Wergleinen. Kettenrichtung.

Nummer des diesem Versuch auf Fig. 75 entsprechenden Diagramms	Rißfestigkeit in kg pro m	Dehnung eines 100 mm langen Bandes in mm = Dehnung in % der ursprünglichen Länge
3	1380 kg	8,9
2	1501 »	9,5
1	1282 »	8,4
Mitteldiagramm = Mittelwert .	1387 kg	8,7

Gegenüber dem Benehmen des Rohstoffes fällt sofort auf, daß das emaillitierte Gewebe bedeutend regelmäßiger ist. Das

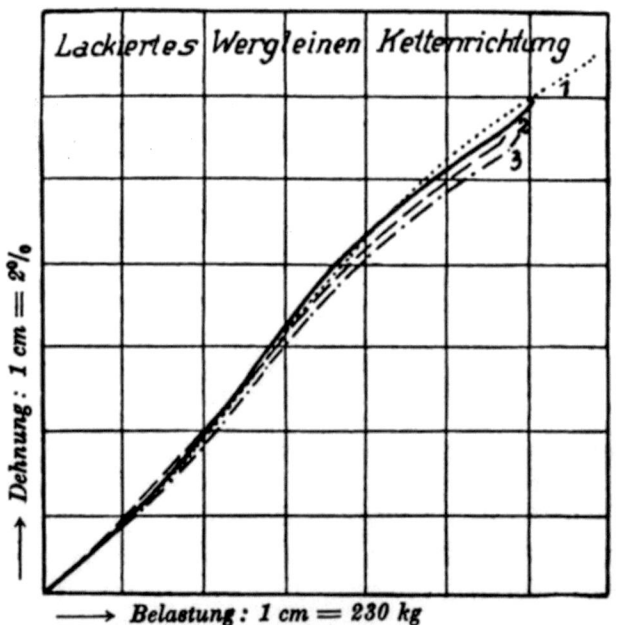

Fig. 75.
Diagrammbünnel des lackierten Wergleinens. Kettenrichtung.

Kurvenbündel der Fig. 75 hat eine bedeutend geringere Streuung als das dem nichtlackierten Stoffe entsprechende Kurvenbündel der Fig. 69. Bei letzterem erreichte die Variation der Festigkeit um den Mittelwert 15%; nach dem Emaillitieren war dieser Wert auf 8,2%, also fast auf die Hälfte, gesunken. Die Dehnungsunterschiede um den Mittelwert betrugen beim nichtlackierten Stoff

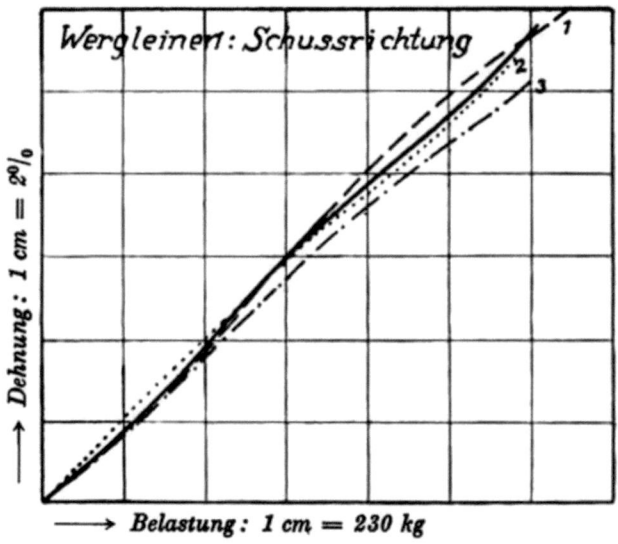

Fig. 76.

Diagrammbündel von lackiertem Wergleinen. Schußrichtung.

20%; nach dem Lackieren waren diese Unterschiede auf maximal 9,1% gesunken.

Ganz ähnliche Resultate haben wir bei der Schußrichtung desselben Gewebes nach dem Lackieren (Fig. 76); diese sind in der folgenden Tabelle dargestellt:

Emaillitiertes Wergleinen. Schußrichtung.

Nummer des diesem Versuch auf Fig. 76 entsprechenden Diagramms	Rißfestigkeit in kg pro m	Dehnung eines 100 mm langen Bandes in mm = Dehnung in % der ursprünglichen Länge
1	1449 kg	9
2	1282 »	8
3	1305 »	8,7
Mitteldiagramm = Mittelwert .	1345 kg	8,6

Auch hier ist die Abnahme der Streuung von 15% auf 7,7% zu konstatieren. Vergleichen wir außerdem die erhaltenen Rißfestigkeitswerte zwischen Schuß- und Kettenrichtung, so ersehen wir, daß beide Werte fast gleich (1387 kg und 1345 kg) sind, während beim Rohstoff ein bedeutender Abstand in dieser Hinsicht zu konstatieren war. In jeder Beziehung trägt also das Emaillitieren zur Homogenisierung des Gewebes bei; es benimmt sich wie eine Armatur.

Außerdem sei auf die bedeutenden Rißfestigkeitszunahmen hingewiesen. Für eine Gewichtszunahme von 22% erhielten wir

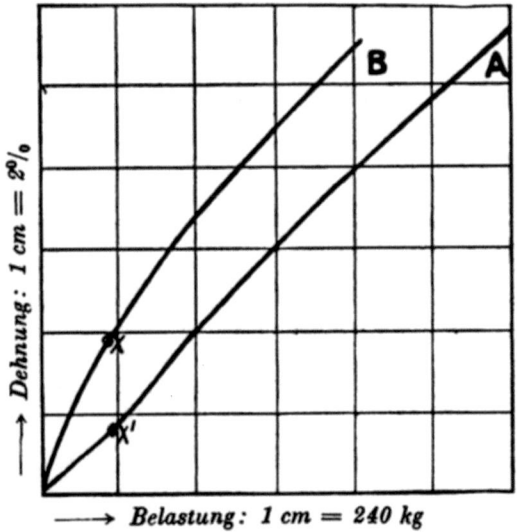

Fig. 77.
Vergleich des rohen Wergleinens *(B)* mit dem lackierten *(A)* mittels der Mittelwert-Diagramme. Schußrichtung.

in der Kettenrichtung eine Zunahme von 76,7%, in der Schußrichtung von 67%.

Vergleichen wir nun die Dehnungen des rohen mit dem emaillitierten Wergleinen bei der für Flugzeuge ziemlich allgemein gültigen Grenzbeanspruchung von ca. 200 kg. Dies können wir mit Hilfe der Fig. 77 u. 78 tun, in welchen die Mitteldiagramme des Rohstoffes und des lackierten Stoffes übereinander gelagert sind. Wir sehen sofort, daß bei der genannten kritischen Belastung, bei den Punkten X und X', sich der nichtlackierte, also rohe Stoff (oder der sich gleich benehmende Gummistoff) ca. 2 bis 3 mal m e h r ausdehnt wie der emaillitierte Stoff. Es werden sich also

auf dem Flugzeug beim emaillitierten Stoff viel geringere Ausbuchtungen bilden wie beim gummierten oder beim rohen Stoffe.
Auf die Berechnung der Unterschiede dieser Ausbuchtungen kommen wir im nächsten Kapitel zurück. Wir sahen schon vorhin,
daß sich Wergleinengewebe identisch mit den Geweben aus feinem

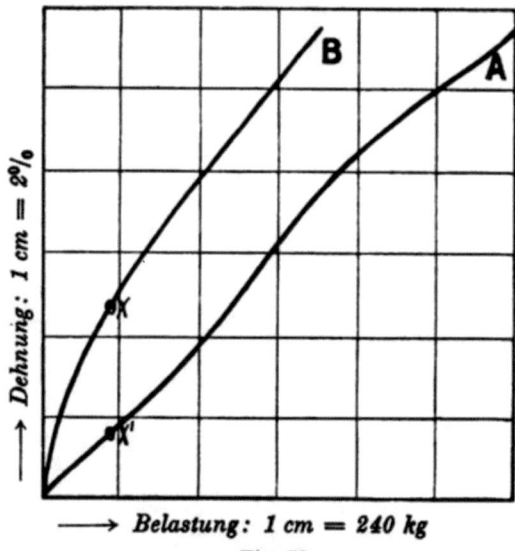

Fig. 78.
Vergleich des rohen Wergleinens *(B)* mit dem lackierten *(A)*
mittels der Mittelwert-Diagramme. Kettenrichtung.

Leinen benehmen, daß also vom aviatischen Standpunkt, abgesehen
vom Sicherheitskoeffizienten, für beide Stoffarten kein Unterschied existiert. Dies ist auch für die emaillitierten Feinleinen-
stoffe der Fall. Fig. 79 u. 80 ergeben uns die Prüfungsdiagramme
der lackierten feinen Leinengewebe.

Die Prüfungsresultate sind in folgenden Tabellen wiedergegeben:

Emaillitiertes Feinleinengewebe. Kettenrichtung.

Nummer des diesem Versuch auf Fig. 79 entsprechenden Diagramms	Rißfestigkeit in kg pro m	Dehnung eines 100 mm langen Bandes in mm = Dehnung in % der ursprünglichen Länge
1	1960 kg	11,0
2	1960 »	10,6
3	1832 »	9,6
Mittelkurve = Mittelwert . .	1917 kg	10,4

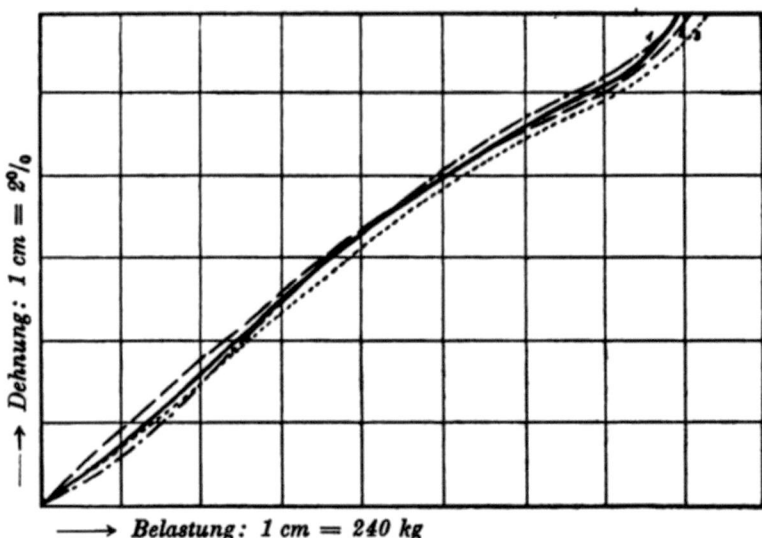

Fig. 79. Diagrammbündel des emaillitierten Feinleinengewebes. Kettenrichtung.

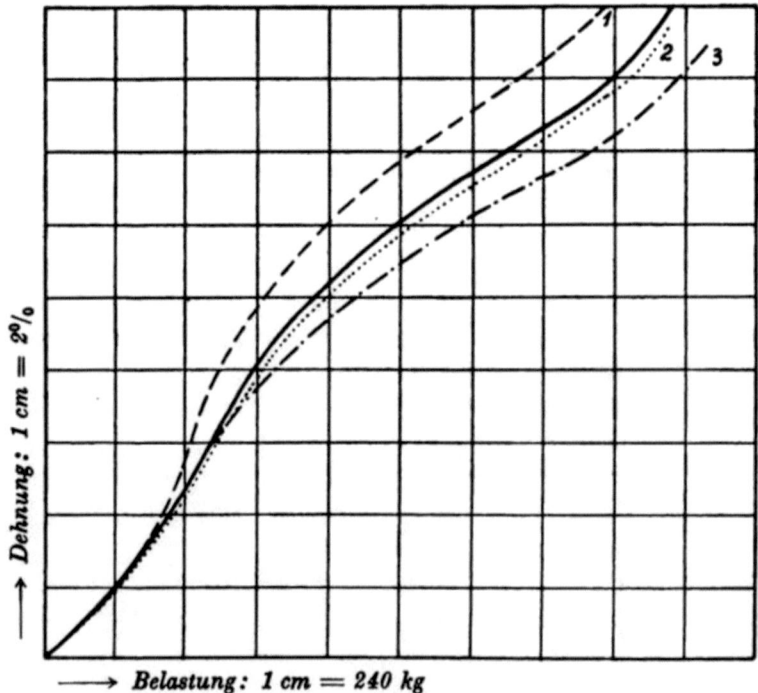

Fig. 80. Diagrammbündel des lackierten Feinleinengewebes. Schußrichtung.

Auch hier ist die Regelmäßigkeit gegenüber dem Rohstoff zu bemerken. Für die Rißfestigkeit beträgt der Maximalabstand vom Mittelwerte nur 4,3% statt der 8% des nichtlackierten Stoffes. Das Kurvenbündel zeigt auch eine sehr geringe Streuung.

Emaillitiertes Feinleinengewebe. Schußrichtung.

Nummer des diesem Versuch auf Fig. 80 entsprechenden Diagramms	Rißfestigkeit in kg pro m	Dehnung eines 100 mm langen Bandes in mm = Dehnung in % der ursprünglichen Länge
2	1983 kg	14
3	2180 »	13,1
1	1970 »	13,5
Mitteldiagramm = Mittelwert .	2045 kg	13,55

Die größere Regelmäßigkeit ist hier hauptsächlich bei der Dehnung zu konstatieren. Während beim Rohstoff die Dehnungsunterschiede der einzelnen Muster um den Mittelwert herum 7% betrugen, betragen sie hier nur 3%.

Wie bei Wergleinen ergibt das Emaillitieren auch beim feinen Leinenstoff die Gleichmäßigkeit in beiden Weberichtungen, während beim entsprechenden rohen Stoff der Unterschied 30% der Festigkeit betrug. Auch hier ist ein bedeutender Zuwachs an Rißfestigkeit zu verzeichnen; in der Kettenrichtung beträgt dieser Zuwachs 36%, in der Schußrichtung 45% des ursprünglichen Wertes.

Sowohl auf Wergleinengewebe wie auch auf feinem Leinengewebe übt also das Emaillitieren eine doppelt günstige Wirkung aus. Abgesehen von der ständigen Wasserdichtigkeit und Kontraktion, macht es 1. die Gewebe regelmäßiger und 2. steigert es deren Rißfestigkeit.

Wir haben vorhin gesehen, daß zur Flugzeugkonstruktion sich rohes Wergleinen infolge seines identischen Benehmens ebensogut eignet wie feines Leinengewebe. Dies ist auch für die entsprechenden emaillitierten Stoffe der Fall, wie wir es aus den Fig. 81 u. 82 ersehen können. Diese Figuren wurden erhalten durch Übereinanderlagern der Mittelwertdiagramme der Schußrichtungen von emaillitiertem Wergleinen und Feinleinen, Fig. 82 durch Übereinanderlagern der Mittelwertdiagramme der Kettenrichtungen der-

selben Stoffe. Aus diesen Figuren ersehen wir sofort, daß der
Verlauf der Diagrammpaare bis zu einer Inanspruchnahme von über
300 kg für beide emaillitierte Stoffe identisch ist, so daß in Anbetracht der hohen Rißfestigkeiten der emaillitierten Wergleinengewebe, die einen hohen Sicherheitskoeffizienten gewährleisten,
es überhaupt überflüssig erscheint, Feinleinengewebe zum Ver-

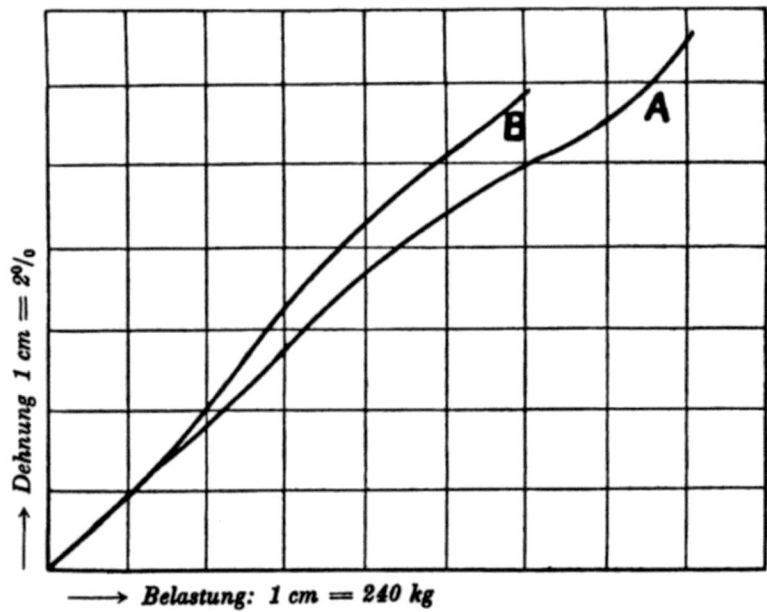

Fig. 81.

Vergleich des emaillitierten Wergleinens *(B)* mit dem emaillitierten Feinleinen *(A)*
mittels der Mittelwertdiagramme. Schußrichtung.

spannen von Flugzeugflächen zu benutzen, wenn diese nachträglich emaillitiert werden sollen. Ein merkbarer Unterschied wäre
nur bei solchen Beanspruchungen zu konstatieren, welche bei
Flugzeugen nie vorkommen.

Es erübrigt sich also, zu Flugzeugbespannungen allzu feine
teure Stoffe zu nehmen; gewöhnliche, billige Stoffe erfüllen den
Zweck ebensogut.

Die hier geschilderten Resultate werden jedoch nur erhalten,
wenn man die Zelluloseesterlösungen in ziemlich verdünntem Zustande auf die schon auf das Gerippe des Flugzeuges aufgespannten

Gewebe, wie S. 150 beschrieben, aufträgt. Bei Auftragung von dicken Lösungen, die in die Poren nicht eindringen, bleiben die Resultate teilweise aus.

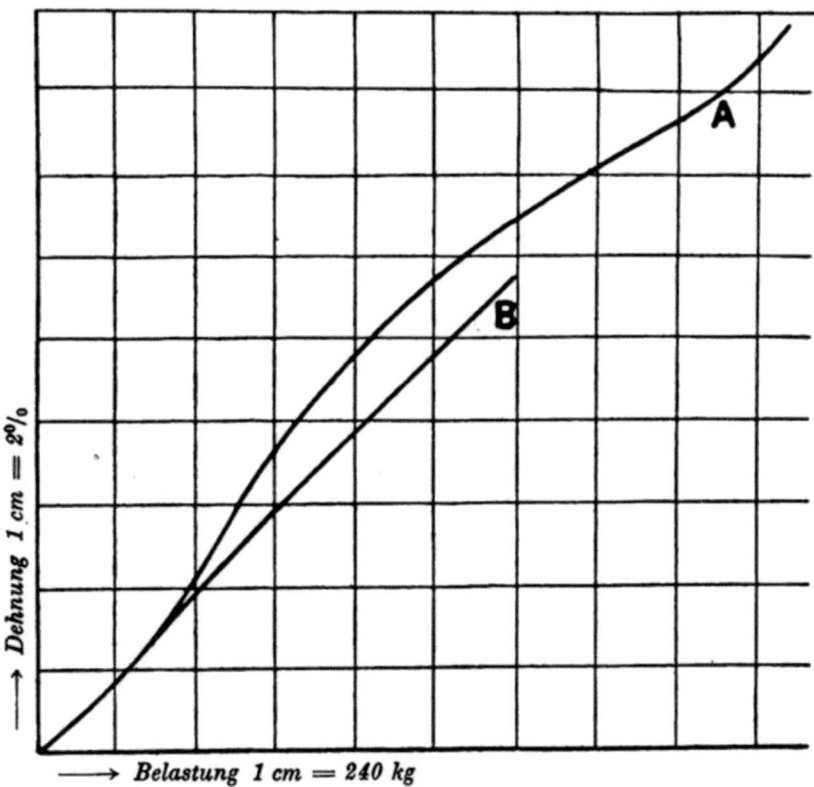

Fig. 82.

Vergleich des emaillitierten Wergleinen *(B)* mit dem emaillitierten Feinleinen *(A)* mittels der Mittelwertdiagramme. Schußrichtung.

Bei im vorhinein mit Zelluloseestern bestrichenen Stoffen erfolgt einer der wichtigsten Effekte, die Kontraktion des Gewebes, nicht.

XV. Kapitel.

Der Sicherheitskoeffizient der Flügelbespannung und dessen Berechnung.

Das im vorigen Kapitel angeführte experimentelle Material kann vorzüglich zur Bestimmung sowohl des Sicherheitskoeffizienten der Flugzeugbespannung wie auch zur Berechnung der

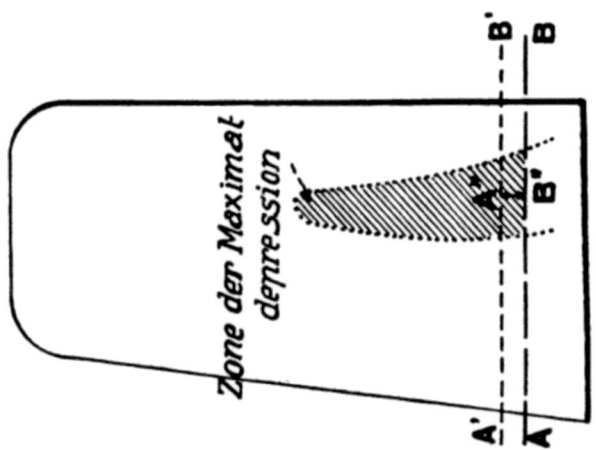

Fig. 83.
Depressionszone an der oberen Fläche eines Nieuport-Eindeckers
(nach Eiffel).

Auswölbung der Bespannung, sowohl für Rohstoffe wie auch für lackierte Stoffe, verwendet werden.

Die Beanspruchung der Flugzeugbespannung wird für diejenige Stelle berechnet, wo das Gewebe am meisten in Anspruch genommen wird. Dies hat seinerzeit *Eiffel* (vgl. Fig. 83 u. 84, die die Saug- und Druckverteilung an der oberen Fläche eines Nieuport-Eindeckers darstellen) getan. Die Depression (Saugdruck) ist an der oberen Fläche des Flugzeuges ungefähr 3 mal größer als der Druck an der unteren Fläche; wenn wir also denselben Stoff zur Bespannung oben verwenden wie unten, genügt es, die Festigkeit des oberen Gewebes zu berechnen.

Da nun außerdem die Änderung des Flügeleinfallwinkels die Größe der Depression ändert,[1]) wie die schöne Arbeit von *Maurain* u. *Toussaint*[2]) nachweist, so ist es notwendig, das Maximum dieses Wertes zu bestimmen und dann demgemäß die Beanspruchung des Stoffes an der meistbeanspruchten Stelle für die möglichst größte Inanspruchnahme zu berechnen.

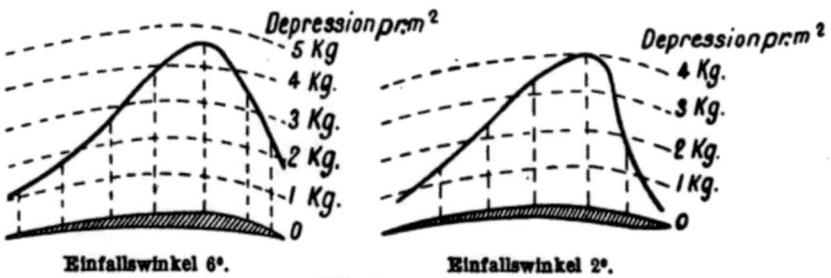

Einfallswinkel 6°.   Einfallswinkel 2°.

Fig. 84.

Schematischer Querschnitt durch den Scheitelpunkt des sich an der oberen Fläche eines Nieuport-Eindeckers bildenden Depressionskegels bei 36 km/Std. Fluggeschwindigkeit (nach Eiffel).

Eine solche Berechnung wollen wir für das Flügelprofil eines Farman-Flugzeuges ausführen, indem wir annehmen, daß als Bespannung das im vorigen Kapitel experimentell untersuchte Wergleinen verwendet wurde.

Die Beanspruchung der Bespannung hängt ab:

1. von der Depression an der Flügeloberfläche;
2. vom Abstand der Rippen;
3. von der Dehnungsänderung des Stoffes mit der Belastungsänderung.

Wenn wir diese drei Werte in eine Funktion zusammenbringen, so können wir mittels dieser Funktion die Beanspruchung des Stoffes bestimmen.

---

[1]) Vgl. Aérophile 1913, S 8.
[2]) Bull. Inst. Aér. St.-Cyr, III. Bd., 1913, S. 50.

Wie schon gesagt, ist die Depression an der Flügeloberfläche abhängig:

    1. vom Einfallwinkel; diese Abhängigkeit wurde experimentell bestimmt;

    2. von der Fluggeschwindigkeit.

Die Depression hängt von der Fluggeschwindigkeit insofern ab, daß sie mit dem Quadrat der Fluggeschwindigkeit direkt proportional ist. Die Abhängigkeit vom Einfallwinkel nach *Maurain* und *Toussaint* (a. a. O.) und bei drei verschiedenen Geschwindigkeiten für eine Farman-Flugfläche ergibt die folgende Tabelle:

Einfallwinkel des Flügels zur Flugrichtung	P_1 Depression in kg pro qm bei 72 km Geschwindigkeit pro Stunde nach Maurain u. Toussaint	P_2 Depression in kg pro qm bei 144 km Geschwindigkeit pro Std. $P_2 = 2^2 (p_1)$	P_3 Depression in kg pro qm bei 216 km Geschwindigkeit pro Std. $P_3 = 3^2 (p_1)$
0,4°	7,08 kg	28,32 kg	63,72 kg
5,6°	10,40 »	41,60 »	90,36 »
10°	14,34 »	57,36 »	129,06 »
14,3°	17,00 »	68,00 »	150,00 »
18,45°	19,96 »	79,84 »	179,64 »
22,8°	24,57 »	98,28 »	221,13 »
26,8°	17,04 »	68,16 »	153,36 »

Wie wir aus dieser Tabelle ersehen, hat die Änderung der Depression mit dem Einfallwinkel einen Maximalwert bei ca. 23°. Bei unserer Berechnung wollen wir nur diesen Maximalwert in Betracht ziehen, denn wenn wir für diesen Wert die Beanspruchung des Gewebes ermittelt haben, so wird die Beanspruchung bei anderen Winkeln sicher geringer sein.

Gehen wir nun zur eigentlichen Berechnung selbst über.

Das Gewebe ist zwischen zwei Rippen festgenagelt und wird zwischen diesen beiden Rippen, wenn man es als absolut biegsam betrachtet, einer gleichmäßigen Kraft (Saugkraft) unterworfen. Diese Saugkraft ändert sich mit dem Flügelprofil, und wurde deren Maximalwert von Eiffel sowie von den verschiedenen aerodynamischen Laboratorien experimentell festgestellt. Um die durch diese Saugkraft auf das Gewebe ausgeübte Wirkung zu berechnen,

nehmen wir nur zwischen beiden Rippen ein Band von einer unendlich kleinen Breite in Betracht. Wir können annehmen, daß
das Gewebe aus lauter so kleinen, voneinander unabhängigen
Bändern besteht. Dieses Bändchen wird auf seiner ganzen Länge
der Einwirkung einer gleichmäßigen Kraft ausgesetzt; es wird also
die Form einer Kettenlinie annehmen. Je nach-
dem die Kraft in jedem Punkte des Fadens
parallel wirkt (Fig. 85) oder radial (Fig. 86),
haben wir die parabolische oder die gewöhnliche
Kettenlinie. Für diese beiden Kettenlinien kennt
man den Zusammenhang, der einerseits zwischen
der Aufhängepunktentfernung der Bogenlänge,
der Scheitelhöhe, und anderseits zwischen Spannung und Kraft herrschen. Nennen wir p die
Kraft, t die Spannung, a die Entfernung zwischen

Fig. 85.

Fig. 86.

den Aufhängepunkten, b die Differenz zwischen der Länge von a
und der Bogenlänge (Dehnung), f die Scheitelhöhe, so haben wir
folgende drei Gleichungen:

Die Scheitelhöhe:

$$f = \sqrt{\frac{3\,ab}{8}} \quad \ldots \ldots \ldots \quad 1)$$

Für die parabolische Kettenlinie haben wir folgenden Zusammenhang zwischen Spannung, Kraft und Scheitelhöhe:

$$t = p\,\frac{a^2}{8\,f} \quad \ldots \ldots \ldots \quad 2)$$

Für die gewöhnliche Kettenlinie ist diese Gleichung durch
folgende ersetzt:

$$t = p\left(\frac{a^2}{8\,f} + f\right).$$

Es ist leicht zu ersehen, daß es sich bei der Flugzeugbespannung nur um die parabolische Kettenlinie handelt.

Es fehlt uns noch eine dritte Gleichung, die den Zusammenhang zwischen Dehnung des Gewebes (b) und dessen Beanspruchung
ergibt.

Die Beanspruchung des Gewebes ist aber die Spannung der
Kettenlinie $= t$. Den Zusammenhang zwischen Dehnung und Spannung des in Frage stehenden Gewebes aber ergeben die Experimen-

taldiagramme der Fig. 77 u. 78, sowohl für die rohen (resp. gummierten) Gewebe wie auch für die lackierten Gewebe.

Wir brauchen nur die Gleichungen dieser beiden Kurvenpaare aufzustellen, so haben wir in der Abszisse t die Spannung, in der Ordinate b die Dehnung.

Für das Rohstoffdiagramm (Fig. 77) können wir bemerken, daß es bis zu ca. 9 mm Abszissenwert, der einer im Flugzeug nie erreichten Spannung von 216 kg pro m entspricht, mit der Kurve folgender Gleichung zusammenfällt:

$$y^{1,1} = 3\,x.$$

Diese Gleichung repräsentiert vorzüglich die Kurve bis zum Punkte x. Wenn wir die Spannung in kg pro m und die Dehnung in Prozenten der ursprünglichen Länge, d. h. in mm ausdrücken, so haben wir:

$$\text{Dehnung} = A \text{ in mm,}$$
$$\text{Spannung} = E \text{ in kg/m,}$$
$$A^{1,1} = \frac{3}{24}\,E$$
$$A = \sqrt[1,1]{\frac{1}{8}\,E}.$$

Da aber in Fig. 77 5 mm Ordinatenlänge gerade gleich 18% Dehnung sind, so wird die prozentische Dehnung einen 5 mal geringeren numerischen Wert haben:

$$A\% = \frac{1}{5}\sqrt[1,1]{\frac{1}{8}}\sqrt[1,1]{E}.$$

Statt E können wir das gewöhnliche Zeichen der Spannung, d. h. t, nehmen und $\frac{1}{5}\sqrt[1,1]{\frac{1}{8}}$ auf seinen Wert reduzieren:

$$A\% = 0,03\sqrt[1,1]{t}.$$

Wir können nunmehr die Dehnung in Prozenten der ursprünglichen Entfernung, d. h. der Aufhängungspunktentfernung der Kettenlinie, die gleich der Entfernung von zwei Rippen ist, ausdrücken; dieser Wert b ist, wenn a die Aufhängungspunktentfernung bedeutet:

$$b = \frac{A \cdot a}{100} = 0,03\sqrt[1,1]{t} \cdot \frac{a}{100} = 0,0003\,a\sqrt[1,1]{t}.$$

Dies ist unsere gesuchte dritte Gleichung, die den Zusammenhang zwischen Dehnung des Gewebes und dessen Beanspruchung ergibt. Wir besitzen nun die folgenden drei Gleichungen:

$$f = \sqrt{\frac{3}{8}\,ab} \quad \ldots \ldots \ldots \quad 1)$$

$$t = p\,\frac{a^2}{8f} \quad \ldots \ldots \ldots \quad 2)$$

$$b = 0,0003\,a\,\sqrt[1,1]{t} \quad \ldots \ldots \ldots \quad 3)$$

Durch Zusammenziehen dieser drei Gleichungen erhalten wir:

$$t^{2,909} = \frac{p^2\,a^2}{0,00723}$$

und hieraus den definitiven Wert von t:

$$t = \frac{2\log p + 2\log a - \log 0,00723}{2,909} \quad \ldots \ldots \quad \text{I.}$$

Dies ergab nun den Wert der Spannung in der Kettenrichtung. Gewöhnlich wird auch die Bespannung des Flugzeuges so ausgeführt, daß die Kettenrichtung des Gewebes senkrecht auf die Rippenrichtung kommt. In diesem Falle wird das Gewebe in Schußrichtung überhaupt nicht beansprucht.

Sollte das Gewebe in Schußrichtung beansprucht werden oder aber das Gewebe unter einem gewissen Winkel, sagen wir α, auf die Rippenrichtung aufgespannt werden, so müssen wir statt a den Wert $\dfrac{a}{\cos\alpha}$ einsetzen. In diesem Falle müssen wir auch die Beanspruchung des Gewebes in Schußrichtung ermitteln können. Wir greifen auf Fig. 78 zurück und ersehen daraus, daß die dem Rohstoff entsprechende Diagrammkurve durch den Ausdruck

$$y^2 = 60\,x$$

bis zum Punkte x, der einer nie auftretenden Beanspruchung von 216 kg entspricht, wiedergegeben wird. Wir haben infolgedessen, wenn wir die vorhin gebrauchten Methoden wieder anwenden, folgende drei Gleichungen:

$$f = \sqrt{\frac{3}{8}\,ab}$$

$$t = p\,\frac{a^2}{8f}$$

$$b = 0,00316\,a\,\sqrt{t},$$

woraus sich ergibt

$$t^{2,5} = \frac{p^2\,a^2}{0,076}$$

und für den definitiven Wert von t

$$\log t = \frac{2\log p + 2\log a - \log 0,076}{2,5}.$$

Wenn nun das Gewebe unter dem Winkel a der Kettenrichtung die Rippenrichtung schneidet, so müssen wir in dieser Gleichung statt dem Wert a den Wert $\dfrac{a}{\cos(90-a)}$ setzen, um die richtigen Werte zu haben.

Nehmen wir nun dieselbe Methode zur Hilfe, um die Beanspruchung des lackierten Stoffes zu berechnen. Die Gleichungen

$$f = \sqrt{\frac{3}{8}\,a\,b}$$

$$t = p\,\frac{a^2}{8\,f}$$

bleiben stehen. Geändert wird nur die Gleichung, die die Dehnungsänderungen in Funktion der Belastungsänderungen wiedergibt. Diese Gleichung wird durch die unteren Kurven der Fig. 78 u. 77 wiedergegeben. In beiden Figuren ist aber diese Kurve bis zum Punkte x' eine Gerade, und zwar ist sie identisch für beide Figuren: die Dehnung der lackierten Stoffe ist direkt proportional mit der Spannung bis zu einem Punkte, der bei Flugzeugflächen nie erreicht wird, die Gleichung dieser Kurve läßt sich durch die Gleichung:

$$y = 0,85\ x$$

bis zum Punkt x' ziemlich genau wiedergeben.

Daraus folgt als dritte Gleichung

$$b = 0,0000708\ t\,a.$$

Diese Gleichung, mit den obigen zwei Gleichungen zusammengezogen, ergibt:

$$t^{1,5} = \frac{p\,a}{0,04129}$$

und als definitiven Wert der Spannung für lackierte Gewebe

$$\log t = \frac{\log p + \log a - \log 0,04129}{1,5} \qquad \ldots \ \text{III.}$$

Mit Hilfe der Gleichungen I und III und der Tabelle auf S. 174 können wir mit Leichtigkeit die Maximalbeanspruchung der Bespannung auf einem Farman-Flugzeug berechnen.

Das Maximum der Beanspruchung erhalten wir bei einem Winkel von 22,8°. Als Grundlage dienen uns also die diesem Einfallwinkel entsprechenden Depressionszahlen. Die Entfernung der einzelnen Rippen bei einem Farman-Flugzeug beträgt 325 mm.

Wir haben in der folgenden Tabelle die Spannung (Maximalbeanspruchung) der rohen wie auch der lackierten Stoffe für ein Farman-Flugzeug bei verschiedenen, sogar bisher nie erreichten Geschwindigkeiten ermittelt.

Farman Flugzeug. Flugwinkel: 22.8°.

Fluggeschwindigkeit in km pro Std.	Druck in kg pro qm P	Beanspruchung des Rohstoffes oder Gummistoffes in kg/m	Beanspruchung des lackierten Stoffes in kg/m	Beanspruchung des rohen Stoffs od. Gummistoffs im Vergleich zum lackierten Stoff in %
72 km	24,6 kg	22,75 kg	33,45 kg	67,5 %
144 »	98,3 »	57,9 »	84,35 »	68,0 %
216 »	221,1 »	98,85 »	144,5 »	68,4 %

Aus dieser Tafel ersehen wir also, daß die Beanspruchungen des Gewebes ziemlich gering sind, daß aber mit steigender Geschwindigkeit die Beanspruchung der rohen oder gummierten Stoffe r a s c h e r wächst als die Beanspruchung der lackierten Stoffe.

Je schneller die Apparate fliegen, um so besser ist die Anwendung der lackierten Stoffe. Dies geht auch schon aus der Berechnung der Scheitelhöhen der Wölbungen hervor, welche die Stoffe bei den verschiedenen Geschwindigkeiten einnehmen.

Farman Flugzeug.

Fluggeschwindigkeit	Scheitelhöhe der Auswölbung bei rohem oder gummiertem Stoff	Scheitelhöhe der Auswölbung beim lackierten Stoff
72 km	14,3 mm	9,7 mm
144 »	22,4 »	15,3 »
216 »	29,4 »	17,3 »

Je größer die Fluggeschwindigkeit, um so größer der Unterschied der Auswölbungen zugunsten der lackierten Apparate. Dies erklärt auch, warum man bei den lackierten Apparaten so leicht die hohen konstatierten Geschwindigkeiten erreichen kann: der Widerstand gegen Luftreibung und gegen Penetration infolge des geringeren Flügelquerschnittes ist gegenüber den anderen Stoffen bedeutend vermindert. Noch günstiger liegen die Verhältnisse zugunsten der emaillitierten Stoffe, wenn man die effektiven Sicherheitskoeffizienten in Betracht zieht.

Im vorigen Kapitel haben wir gesehen, daß für das betreffende Wergleinen in rohem Zustand eine mittlere Rißfestigkeit von 762 kg und in emaillitiertem Zustand eine mittlere Rißfestigkeit von 1387 kg resultierte, beide in der uns hier allein interessierenden Kettenrichtung. Nehmen wir nun die Werte der Tabelle auf S. 174 für die Maximalbeanspruchung beim Flugwinkel 22,8⁰ und berechnen wir diesbezüglich den Sicherheitskoeffizienten und auch den Prozentsatz, um welchen dieser Sicherheitskoeffizient für die verschiedenen Geschwindigkeiten bei lackierten Stoffen dem Sicherheitskoeffizienten der rohen oder gummierten Stoffe überlegen ist, so erhalten wir folgende Tabelle:

Farman-Flugzeug. 22,8⁰ Flugwinkel.

Fluggeschwindigkeit in km pro Std.	Sicherheitskoeffizient vom rohen oder gummierten Gewebe	Sicherheitskoeffizient vom emaillitierten Gewebe	Überlegenheit des meaillitierten Gewebes in %
72 km	33,4	41,47	24,1%
144 »	13,1	16,40	25,0%
216 »	7,6	9,60	26,2%

Aus dieser Tabelle ist wieder ersichtlich, daß mit wachsender Geschwindigkeit der Sicherheitskoeffizient des emaillitierten Stoffes viel rascher wächst, als der der rohen oder gummierten Stoffe.

Das Emaillitieren steigert also nicht nur die Geschwindigkeit der Apparate, sondern auch ihre Sicherheit, speziell bei sehr raschen Apparaten.

Auch für einen anderen Flugzeugtyp, z. B. den Nieuport, finden wir mittels der in Fig. 84 u. 85 gebrachten Daten und den in Fig. 78 u. 79 gebrachten Kurven dieselben Resultate. Hier können wir die Maximalbeanspruchung nicht bringen, da die entsprechenden Daten fehlen, wohl aber die Beanspruchung bei einem Einfallwinkel von 6°. Die Beanspruchung dieser Flugzeugbespannung, wenn sie aus dem von uns untersuchten Wergleinen besteht, ergibt folgende Tabelle:

Nieuport-Flugzeug. Flugwinkel 6°.

Fluggeschwindigkeit in km .pro Std.	Druck in kg pro qm	Beanspruchung des Rohstoffes oder gummierten Stoffes in kg/m	Beanspruchung des lackierten Stoffes in kg/m.	Beanspruchung des rohen Stoffes od. Gummistoffes im Vergleich zum lackierten Stoff in %
36 km	4,5 kg	7,07 kg/m	10,8 kg/m	65,3 %
72 »	18,0 »	18,35 »	27,15 »	67,3 %
108 »	40,0 »	31,75 »	46,20 »	68,7 %
144 »	72,0 »	47,6 »	68,45 »	69,7 %
180 »	112,0 »	64,45 »	92,0 »	70,1 %
216 »	162,0 »	83,10 »	117,5 »	70,5 %
252 »	220,5 »	94,9 »	135 »	70,8 %

Also auch hier sehen wir, daß die Beanspruchung des Rohstoffes oder Gummistoffes bei den geringen Fluggeschwindigkeiten kaum $2/3$ der Beanspruchung desselben lackierten Stoffes ausmacht; bei großen Geschwindigkeiten, z. B. bei etwa 200 km pro Stunde, dieser Anteil aber schon nahezu drei Viertel dieses Wertes erreicht.

Noch günstiger liegen die Verhältnisse des Sicherheitskoeffizienten für den Nieuport-Apparat. Diese sind aus folgender Tabelle ersichtlich:

Fluggeschwindigkeit in km pro Std.	Sicherheitskoeffizient des rohen oder gummierten Stoffes	Sicherheitskoeffizient des lackierten Gewebes	Überlegenheit des lackierten Stoffes in %
36 kg	107	129	20
72 »	41,5	51	23
108 »	24	30	25
144 »	16	20,25	26,5
180 »	11,8	15	27,1
216 »	9,1	11,7	28,5
252 »	8	10,35	29,5

Es ist also klar, daß bei Verwendung von emaillitierten Stoffen der Sicherheitskoeffizient der Flugzeugbespannung größer ist als bei rohen oder gummierten Stoffen. Hier ist also ebenfalls mit der Steigerung der Geschwindigkeit eine Steigerung des Sicherheitskoeffizienten der Flugzeugbespannung vorhanden, welche sogar noch günstiger ist als bei den Farman-Apparaten.

Mit der hier angegebenen Methode können also leicht die Sicherheitskoeffizienten der Flugzeugbespannungen ermittelt werden. Man braucht nur für jedes zur Verwendung kommende Gewebe das Diagramm der Dehnungsänderung mit der Rißfestigkeitsänderung zu nehmen. Da infolge der Überlegenheit der emaillitierten Stoffe dieses Verfahren allgemein verwendet wird, so braucht man auch nur einfach das Diagramm der lackierten Stoffe zu nehmen, und dieses ergibt eine Gerade, deren Gleichung mit Leichtigkeit ermittelt werden kann. Diese Gleichung wird, wie beschrieben, mit den Gleichungen der Kettenlinie verbunden, und ergibt zum Schluß eine logarithmische Funktion folgender Art:

$$\log t = \frac{\log p + \log a - \log c}{C},$$

wobei t die Oberflächenspannung der Flugzeugbespannung, p den größten auf die Fläche ausgeübten positiven oder negativen Druck, der von der Maximalgeschwindigkeit des Flugzeuges abhängt, a die Entfernung der Rippen bedeutet, während C und c Charakteristiken der angewandten Gewebe bedeuten und aus dem Gewebediagramm fließen. Natürlich wechselt der Wert von t mit den verschiedenen Geweben, aber aus dem Vorhergesagten ergibt es sich von selbst, daß gute Wergleinen für Flugzeugbespannungen vollständig ausreichen, da sie bei den heute erreichten Geschwindigkeiten einen Wert von über 12 für den Sicherheitskoeffizienten ergeben.

XVI. Kapitel.

Über unsichtbare Flugzeuge.

Das unsichtbare Flugzeug ist kein Mythos. Es existiert wirklich, wenn auch einstweilen in wenigen Exemplaren, in verschiedenen Ländern Europas, es hat schon mehrere Flüge absolviert und dürfte noch zu einer bedeutenden Rolle gelangen, wenn die Schwierigkeiten, welche an der Konstruktion haften, behoben werden können.

Schon im Jahre 1907 schlug der Holländer *Cohen* aus Rotterdam vor (D. R. P. Nr. 217 760), ganze Luftschiffshüllen aus mit Aluminiumdraht armierten Zelluloseesterplatten herzustellen. Dieser Vorschlag hatte keine praktischen Folgen, ebenso wie derjenige von Prof. *Reisner* in Aachen, der im Jahre 1909 Tragflächen beim Aeroplan aus Zelluloidschichten vorschlug. Dieser letztere Vorschlag konnte auch keine praktischen Folgen haben, denn bei der großen Unstabilität und Explodierbarkeit der Nitrozellulose, die den Hauptbestandteil des Zelluloids bildet, konnte der Einbau eines Explosionsmotors in ein solches Flugzeug, speziell in Anbetracht der vielen durch Brand des Flugzeugs verursachten Unfälle, nicht ernstlich in Betracht gezogen werden. An sich war der Vorschlag aber sehr interessant. Gänzlich unabhängig von Reisner empfahl im Jahre 1912 der österreichisch-ungarische Aviatiker, Hauptmann *v. Petróczy* (vgl. franz. Pat. Nr. 448 669), die Konstruktion von unsichtbaren oder, besser gesagt, unanzielbaren Flugzeugen aus völlig durchsichtigen, glasklaren Zelluloseazetatplatten. Der erste dieser effektiv unsichtbaren Apparate wurde vom Hauptmann v. Petroczy zusammen mit Verfasser am österreichisch-ungarischen Militärflugfeld Wiener-Neustadt im Spätfrühjahr 1912 gebaut. Trotz der Schwierigkeiten in der

Ausführung, dem hohen Gewicht und der teilweise nicht geeigneten Zusammensetzung und Herstellungsweise der Platten konnte das so konstruierte Flugzeug, ein Etrich-Eindecker, vom bekannten Militärflieger Oberleutnant Nittner (†) eingeflogen werden und erwies sich, wenn auch schlecht steuerbar, doch bei einer Höhe von ca. 300 bis 400 m fast gänzlich unsichtbar. Man hatte die Vorsicht, das ganze Gerippe mit Aluminiumfarbe zu bestreichen,

Fig. 87.
Mit Zelluloseazetatplatten bespannter, im Fluge fast unsichtbarer Eindecker.
Die Flügelkonstruktion ist sichtbar.

um auch dessen Sichtbarkeit ebenfalls herabzusetzen. Es ist leicht begreiflich, daß ein solches Flugzeug, wenn es mit der normalen Geschwindigkeit von ca. 85 bis 90 km pro Stunde fliegt, aber nur ca. 2 bis 3 qm sichtbare Fläche hat (Passagier, Motor, Kühler, Gerippe) und auch diese ganze sichtbare Fläche nicht auf einem Punkte konzentriert ist, viel weniger anzielbar ist als dasselbe Flugzeug, wenn es mit Stoff bespannt ist; denn in diesem Falle ist ja die sichtbare und anzielbare Fläche fast 40 qm groß, also 10 mal größer. Auch besitzt das aus völlig durchsichtigem Material bestehende Flugzeug eine vorzügliche Mimikry, da es doch automatisch die Farbe der Umgebung annimmt und auch bei der Landung fast gänzlich unsichtbar wird. Ein weiterer Vorteil ist, daß man das ganze Geripppe des Flugzeuges stets unter dem Auge

Fig. 88.
Österreichische Militäreindecker mit unsichtbar machenden Platten bespannt.

Fig. 89.
Eindecker, dessen Flügel mit durchsichtigem, dessen Schwanzfläche mit undurchsichtigem Material bespannt ist.

hat und eventuellen Mißständen sofort abhelfen kann (vgl. Fig. 87, 88, 89).

Bald wurden die aus plastischen Massen erzeugten Platten infolge verschiedener Nachteile durch filmartig gegossene Zellu-

loseazetatplatten ersetzt, und der russische Aviatiker *Lebedeff*
baute im August 1913 mit diesen von der Emaillitgesellschaft
hergestellten gegossenen Zelluloseazetatplatten einen unsichtbaren
Doppeldecker des Typs H. Farman für die russische Regierung;
dieses Flugzeug wurde in Gatschina auch mehrfach geflogen. Im
Februar 1914 berichtete die »Deutsche Zeitschrift für Luftschiff-
fahrt« über das »Glashaus« genannte Flugzeug von *Knubel*,
das ebenfalls aus durchsichtigem Material gebaut, in Johannisthal

Fig. 90.
Knubel-Eindecker aus durchsichtigem Bespannungsmaterial.
Im Medaillon: Derselbe im Flug.

mehrere (40) größere Flüge ausgeführt haben soll, unter anderem
einen Zweistundenflug, und hierbei ziemlich schlecht sichtbar war.
Vgl. Fig. 90.

Die so gegossenen Zelluloseazetatplatten hatten eine Rißfestigkeit von ca. 8 kg pro qmm Querschnitt, wodurch man sich
zum Bespannen von Flugzeugoberflächen mit Platten von 0,4 mm
Dicke begnügen konnte. Ein Nachteil dieser Platten ist aber noch
ihr Gewicht (spez. Gewicht 1,3), infolgedessen man bei einem
Eindecker auf ein Übergewicht von 25, bei einem Zweidecker
auf sogar 40 kg rechnen muß. Je rascher aber die Aviatik fort-
schreitet, um so weniger hat die Gewichtsfrage etwas zu sagen;

hat man doch beim Wasserflugzeugmeeting in Deauville im Sommer 1913 Flugzeuge von 1900 kg Gewicht mit größter Leichtigkeit fliegen gesehen. Für solche Apparate bedeutet ein Übergewicht von 40 kg kaum 2½%; doch sozusagen gar nichts.

Das Anbringen dieser Zelluloseazetatplatten auf dem Flügelgerippe ist nicht sehr einfach. Gut hat sich folgendes Verfahren bewährt: Auf der vorderen Flügelkante wird an der unteren Fläche besonders starker Leinenstoff aufgenagelt und um die vordere Kante herumgelegt, so daß er auf ca. 2 bis 3 cm die obere Flügelfläche bedeckt. Auf diesen Leinenstoff wird nun die Zelluloseazetatplatte mit Emaillitlack aufgeklebt. Nach dem Trocknen wird die Platte straff gespannt und an den Gerippen festgenagelt. Ähnlich verfährt man mit der unteren Fläche; kommen am hinteren Flügelende die Platten zusammen, so werden sie entweder unter sich mit Emaillitlack verklebt, wobei sie durchsichtig bleiben, oder, was sicherer ist, sowohl unter sich verklebt wie auch mit einem die hintere Kante oben und unten überlappenden Leinwandband von 2 bis 3 cm Breite nochmals verklebt. Es empfiehlt sich ganz besonders an denjenigen Stellen, wo die Platten von Nägeln durchstoßen sind, ein Tüpfchen von Zelluloseazetatplatte, etwa in Kreisform von 1 cm Durchmesser, mit Emaillitlack zu kleben; diese verlötet sich bald mit der Plattenmasse; hierdurch wird der Nagelkopf sozusagen in die Plattenmasse versenkt, und an der geschwächten Stelle hat dann die Platte die doppelte Stärke als zuvor.

Eine verbesserte Art des Annagelns der Platten ist folgende: Überall dort, wo man den Nagel durchschlagen will, klebe man mit Emaillitlack an der Platte oben und unten runde Leinwandtüpfchen von ca. 1 cm Durchmesser. Hierdurch wird die Platte vom Nagel geschont und, wenn eine solche Stelle beansprucht werden sollte und die Platte Neigung zum Reißen zeigen würde, wird dieses Reißen bei dem Nagel selbst durch das vorhandene Gewebe gehemmt.

Der Bau der unsichtbaren Flugzeuge erhielt auch dadurch eine Förderung, daß man im Balkankriege beobachtete, daß Flugzeuge, welche unter 800 m Höhe als Beobachter flogen, sicher vom Infanteriegewehrfeuer getroffen werden konnten, und zum offensiven Vorgehen mußte das Flugzeug noch bedeutend tiefer herunter, so daß es selber eine bedeutend höhere Gefahr lief. Man versuchte auch infolgedessen, das Flugzeug wenigstens an seinen

wichtigsten Organen, Motor, Kühler, Fuselage, zu panzern. Die
hierdurch erheischte Gewichtsvermehrung war aber noch bedeutend
höher als die durch die Zelluloseazetatplatten verursachte, und
es griffen auch einige Konstrukteure auf das unsichtbare Flugzeug
zurück, dessen Baumaterialien inzwischen weitere Fortschritte gemacht hatten (Moreau).

Schon im November 1912 wurde das franz. Pat. Nr. 451 420
auf Baumaterialien für unsichtbare Flugzeuge, welches Baumaterial
aus armierten Zelluloseazetatplatten bestand, angemeldet. Zwar
wird in der Patentschrift auch auf Metalle als Armatur hingewiesen; diese kamen aber neben den sehr breitmaschigen Geweben,
die als Armatur verwendet wurden, schon ihres Gewichtes wegen
gar nicht in Betracht. Die Fabrikation solcher gegossenen
Platten, die außerdem noch armiert sind, istziemlich kompliziert.

Ein weiterer Fortschritt wurde dadurch gemacht, daß es
gelang (vgl. belg. Pat. Nr. 209 561), auch die Armatur fast unsichtbar zu machen. Wählt man nämlich als Armaturgewebe
feinen Seidentüll, so kann man es erreichen, durch geeignete
Zusätze solche Zelluloseazetatmassen zu erzeugen, deren Lichtbrechung identisch mit der Lichtbrechung des Seidenfadens ist.
In diesem Falle wird bei durchscheinendem Licht natürlich die
in der Masse vorhandene Seidenfaser von der sie umgebenden
Masse optisch nicht verschieden sein; infolgedessen wird sich die
Gegenwart des Seidenfadens nicht entdecken lassen. Größere
Schwierigkeit bot das Erzeugen einer Masse, die durch die Zusätze
nichts von ihrer Rißfestigkeit einbüßt; nach einer gewissen Zeit
ist auch dies gelungen, und heute findet man solche Platten, welche
bei einem spezifischen Gewicht von ca. 1,33 pro mm Querschnitt
eine Rißfestigkeit von 9 bis 10 kg besitzen, in einer Länge von
3 m auf 1,10 m Breite in dem Handel. Zwölf solcher Platten werden
zum Bedecken eines gewöhnlichen Eindeckers verwendet.

Durch Anwendung der Armatur ist es gelungen, die Brüchig-
keit der Platten stark zu vermindern sowie ihren Widerstand
gegen Einreißen stark zu erhöhen. Hierdurch wurden die dem
ersten unsichtbaren Apparat anhaftenden Mängel zum größten
Teil behoben. Ein so konstruierter Apparat war im Aero-Salon
1913 zu sehen. Vgl. Fig. 91 u. 92.

Da außerdem noch die Platten gänzlich klar und durchsichtig
sind, so hat der Pilot das größtmögliche Gesichtsfeld vor sich,

wie er es sonstwie nie haben könnte. Er kann also sehen, fast ohne gesehen zu werden, ein vom militärischen Gesichtspunkte der Aufklärung im Felde unvergleichlicher Vorteil.

Es dürfte wohl in Bälde sich ein interessanter Wettkampf zwischen dem gepanzerten, sichtbaren, und dem ungepanzerten

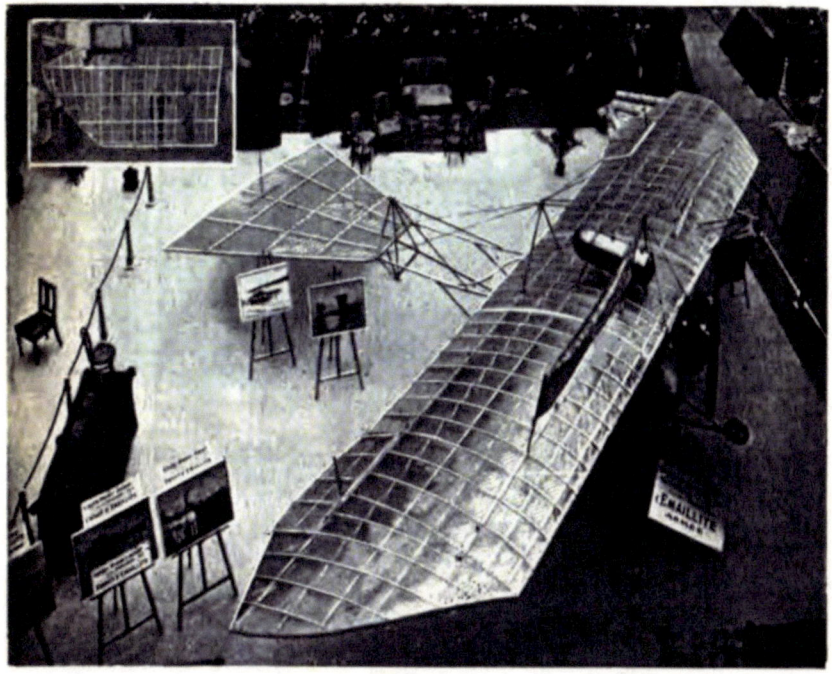

Fig. 91.
Moreau-Eindecker mit armierten Emaillitplatten bespannt. Ausgestellt im Pariser Aero-Salon 1913.
Im Medaillon der Flügel des Apparates. Die vor und hinter diesem stehenden Personen gleich sichtbar.

aber unsichtbaren Militäraufklärungs- resp. Angriffsflugzeug entwickeln. Nach welcher Seite der Sieg neigen wird, läßt sich heute nicht voraussagen; man wird sowohl bei der Konstruktion der einen wie auch bei der Darstellung des Materials des anderen Fortschritte zu verzeichnen haben. Wahrscheinlich werden beide für Aufklärungszwecke nebeneinander existieren. Für Angriffszwecke aber dürfte der unsichtbare Apparat vor dem gepanzerten doch den Hauptvorteil der schweren Anzielbarkeit besitzen sowie den

Fig. 92.

Flügel des Moreauschen unsichtbaren Eindeckers. Sowohl die Holzteile der Flügelkonstruktion, wie auch die hinter dem Flügel stehende Person sind sichtbar.

Vorteil des Gewichtes und der fast gänzlichen Unsichtbarkeit
beim Landen.

Auch vom sportlichen Standpunkt dürfte der Apparat mit
durchsichtiger Flügelbespannung interessant werden. Es werden
immer mehr Pläne zum automatischen Stabilisieren der Apparate
bekannt. Manche dieser Pläne verlegen das Stabilisierungsorgan
in den Flügel. Es kann nur nützlich sein, wenn diese gewiß heiklen
Organe immerfort unter dem Auge des Piloten funktionieren.

Das unsichtbare Flugzeug ist entschieden der Beginn eines
neuen Kapitels in der Eroberung der Atmosphäre durch den Men-
schen, und seine weitere Entwicklung dürfte uns noch manches
Interessante bringen.

Sachregister.

Autorenregister.